見えないものが見えて

生物の観賞ポイントを解説してみた

おせっかいな化石案内

のアンモナイト

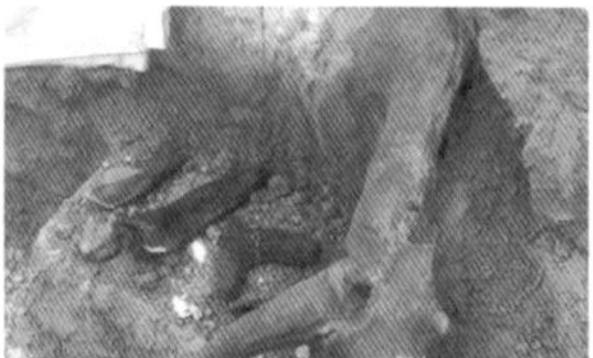

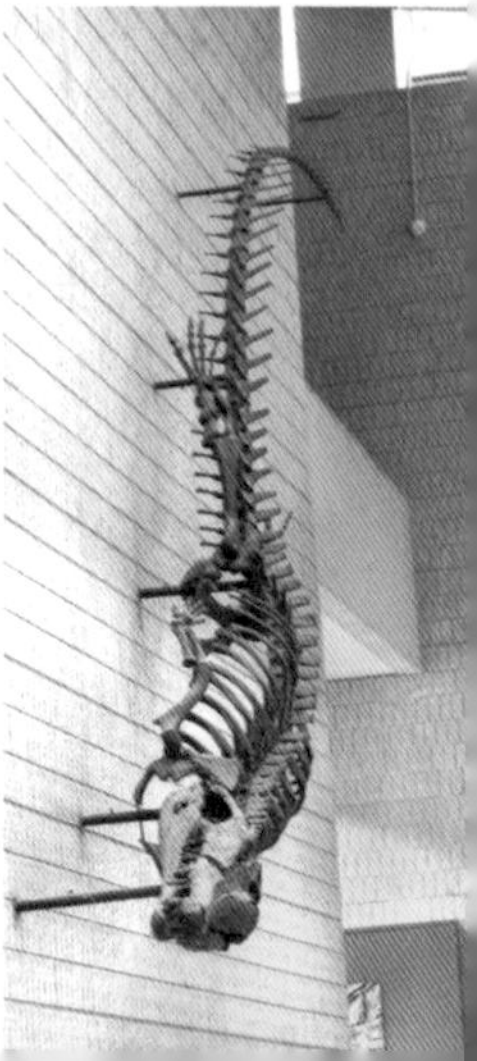

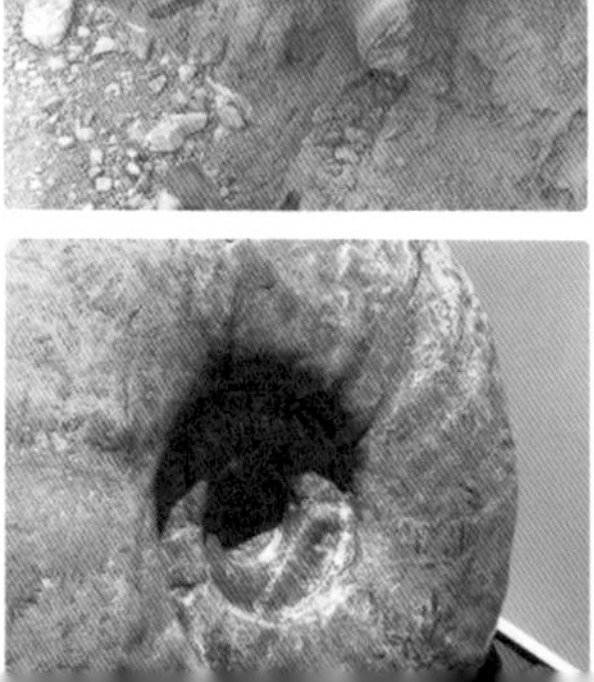

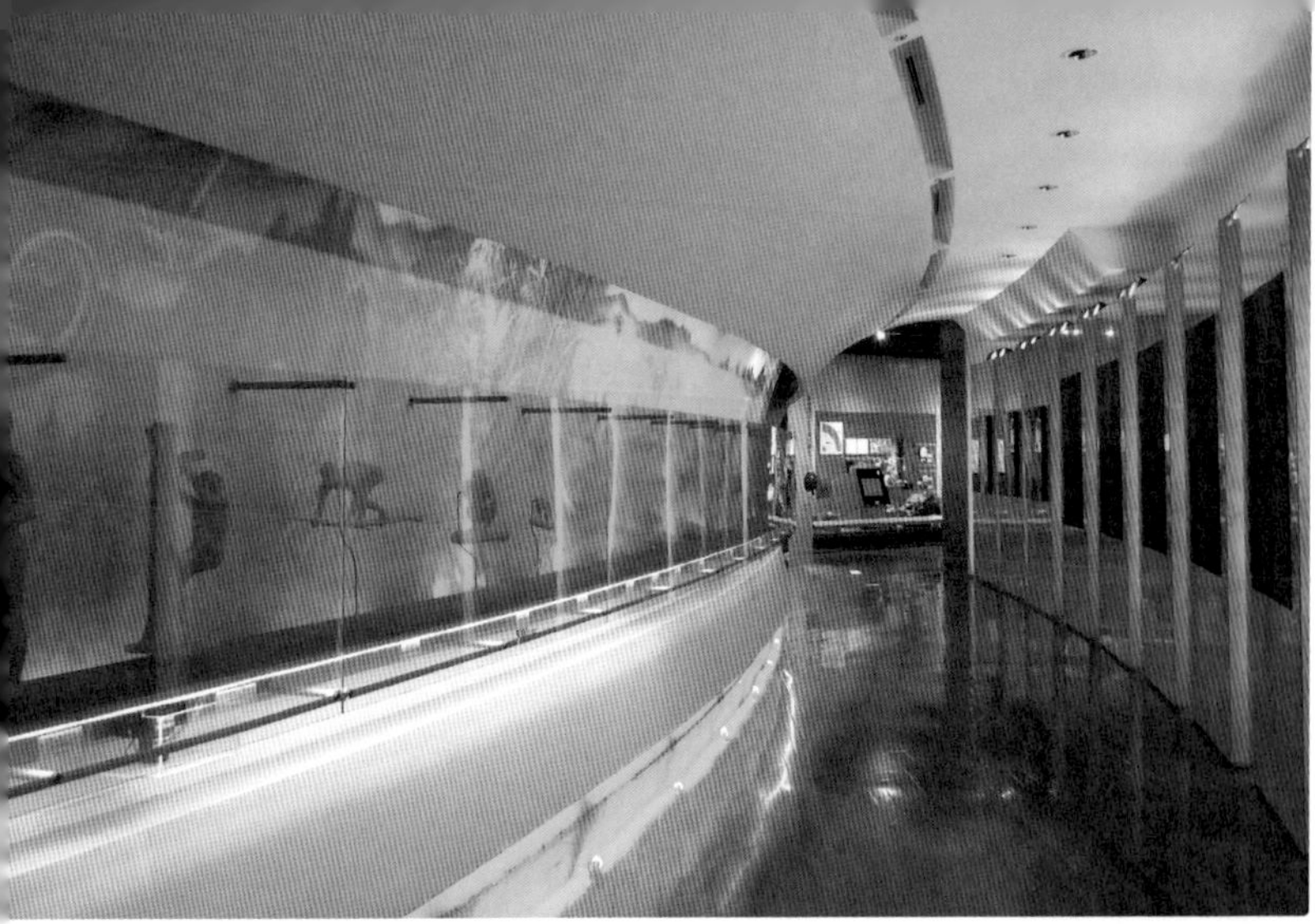

イカ・タコ類

26

目次

はじめに …… 008
この本について …… 011

1章 日本のすごい化石産地 …… 013

恐竜王国 福井県立恐竜博物館 …… 014
〝海の〟陸生動物化石? 徳島県立博物館 …… 038
島まるごと化石博物館 天草市立御所浦恐竜の島博物館 …… 054

コラム① 日本の恐竜研究の聖地 …… 062
カムイサウルス むかわ町穂別博物館
ニッポノサウルス 北海道大学総合博物館

2章 日本が誇るすごい化石 …… 069

圧倒的アンモナイト 三笠市立博物館 …… 070
山形のヒーロー 山形県立博物館 …… 086
THE日本の化石 地質標本館 …… 102
大阪地下の巨大ワニ 大阪市立自然史博物館 …… 118

コラム② まだまだすごい日本のご当地化石 …… 134
丹波竜（タンバティタニス・アミキティアエ） 丹波市立丹波竜化石工房
フタバスズキリュウ（フタバサウルス・スズキイ） いわき市石炭・化石館 ほるる
カルカロドン・メガロドン 埼玉県立自然の博物館

3章 日本で見られる世界のすごい化石 …… 141

恐竜発掘のジオラマ 群馬県立自然史博物館 …… 142
ティラノサウルスvsトリケラトプス 国立科学博物館 …… 154
コラム③ 時空を超えて日本にやってきた世界の化石 …… 170
アノマロカリス／ハルキゲニア 蒲郡市生命の海科学館

ディメトロドン　群馬県立自然史博物館
ディプロドクス　北九州市立自然史・歴史博物館　いのちのたび博物館

付録　日本のすごい街中化石……177
おせっかいな化石案内をした博物館一覧……186
謝辞……189
参考文献……190

はじめに

皆さま、博物館はお好きですか⁉

私は大好きです。博物館を巡るのも、博物館で化石を研究するのも、博物館を作るのも（！）、好きで好きでたまりません。

私たちが住む日本列島は、様々な時代の地層や岩石が寄り集まってできており、その様子はさながら「地質の幕の内弁当」。そんな日本各地の地層から発見される化石も、様々な時代の生物を記録しています。そして北海道から沖縄まで数多く存在する博物館には、その土地の歴史を象徴する化石がいくつも展示されています。もっとも、地層に県境や国境はありません。博物館には、地球の歴史を映す世界の貴重な化石もたくさん並べられています。

博物館はいわば、身近なタイムトンネル。その土地の、日本の、地球の、数千万年前〜数億年前の景色を見せてくれる時空移動装置ともいえるでしょう。

この本は、日本の各地にある博物館展示物の中で最も美味しい部分、すなわち「推し展示」を抽出し、それについてひたすら解説した本です。博物館全体を網羅的に解説するのではなく、あえて博物館で一番見ていただきたい化石や展示物にフォーカスして、私をイメージしたキャラクターが熱く語りかけてくる内容です。

推し展示は化石だけでなく、地層や発掘現場、恐竜ロボットにいたるまで本当に多種多様で……おっと、ネタバレはこれくらいにしましょう。ぜひ本書の中で、迫力の写真やイラストとともに、心ゆくまでお楽しみください。

この本を読み終わった皆さんが、改めて博物館や街並みを眺めてみたとき、おそらくこれまで見過ごしていた様々な化石情報が視界に飛び込んでくると思います。あたかも化石専用のＡＲゴーグルを装着したかのように、これまでとは違った風景が見えてくるかもしれません。

さて21世紀になってからも、古生物学や恐竜学の新たな発見は加速しており、それに合わせて博物館の展示技術も「進化」しつづけています。

私自身も最近では博物館で化石の研究をするだけでなく、メタバースやVR空間上に博物館を作る技術の開発もするようになりました。こうした次世代型VR博物館の基礎となる、化石の3Dデータ技術についても、本書のいたるところで解説しています。博物館はこうした最新のテクノロジーと融合し、これからは過去だけでなく、未来をも見せてくれる場所へと進化していくのです。

それではお楽しみください。あなたの街にもある身近なタイムトンネル「博物館」で、化石と時空間の旅が始まります！

2024年5月2日　芝原暁彦（古生物学者）

最後に、本書を企画してくださった誠文堂新光社の松下大樹様、書籍編集者の藤本淳子様、イラストレーターの川崎悟司様、デザイナーの窪田実莉様、そしてご協力を賜ったすべての博物館の皆様に、厚くお礼申し上げます。

この本について

この本では、日本各地の博物館・科学館・化石館に展示されている化石の中から、一番見てもらいたい化石＝「推し化石」について、その観察ポイント、古生物としての生態、化石が発見された地層、発見や発掘の物語、最新の研究までを、おせっかいな案内人がとことん解説します。

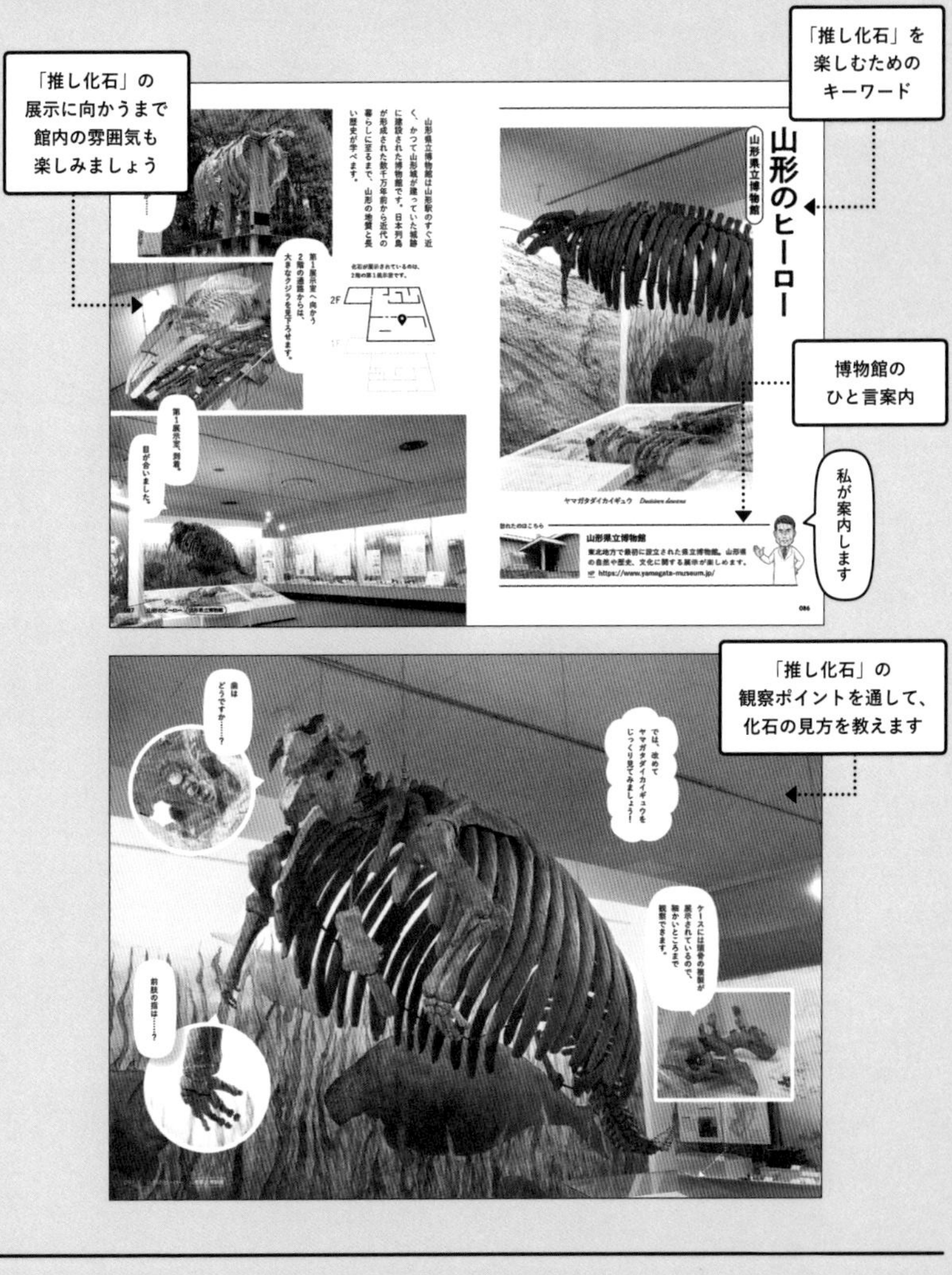

「推し化石」について、
写真やイラストとともに
とことん解説します

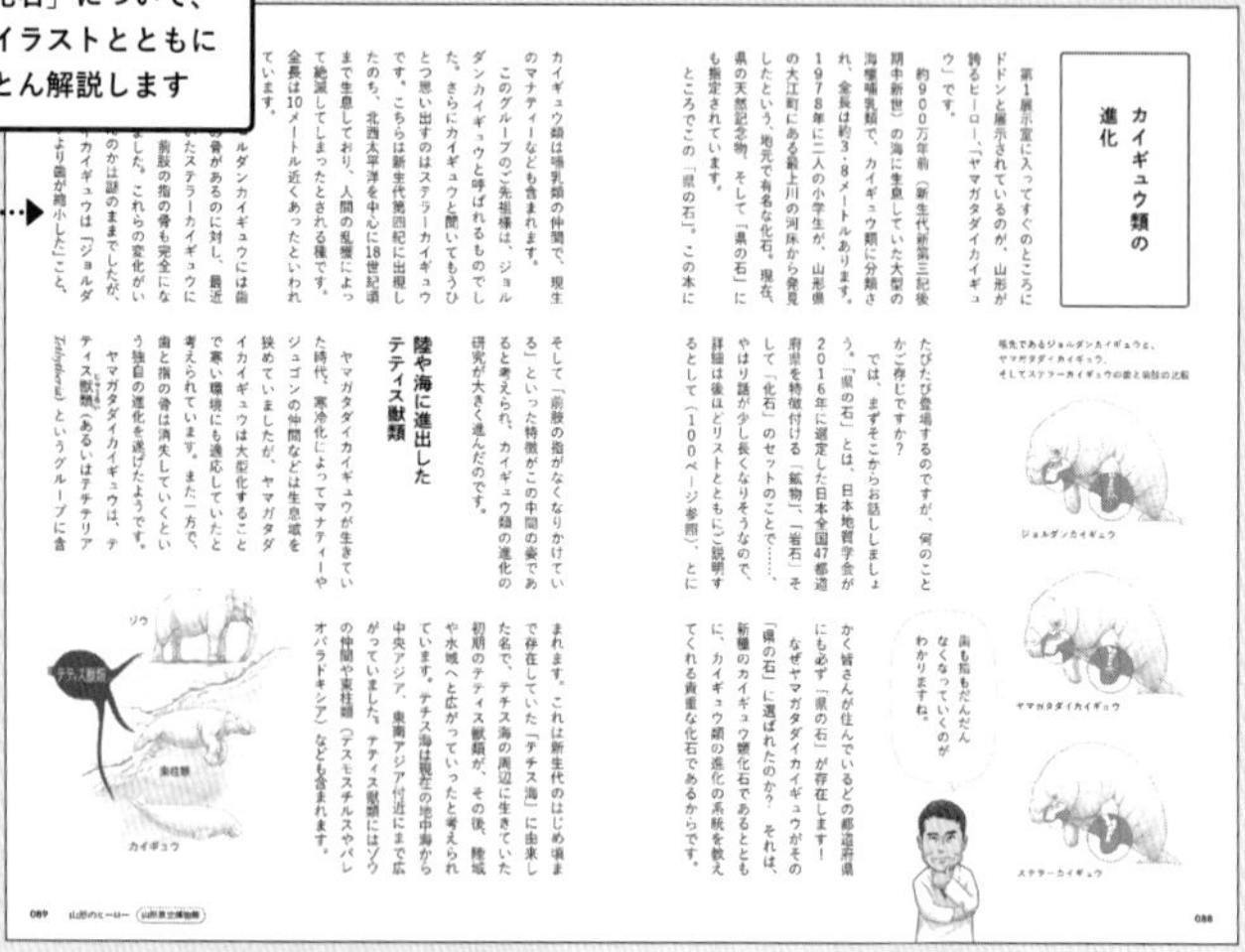
カイギュウ類の
進化

第1展示室に入ってすぐのところにドドンと展示されているのが、山形が誇るヒーロー、「ヤマガタダイカイギュウ」です。

約900万年前（新生代新第三紀後期中新世）の海に生息していた大型の海棲哺乳類で、カイギュウ類に分類され、全長は約3・8メートルあります。1978年に二人の小学生が、山形県の大江町にある最上川の河床から発見したという、地元で有名な化石。現在、県の天然記念物、そして「県の石」にも指定されています。

ところでこの「県の石」。この本にたびたび登場するのですが、何のことかご存じですか？

では、まずそこからお話ししましょう。「県の石」とは、日本地質学会が2016年に選定した日本全国47都道府県を特徴付ける「鉱物」「岩石」そして「化石」のセットのこと……。

やはり話が少し長くなりそうなので、詳細は後ほどリストとともにご説明するとして（100ページ参照）、とにかく皆さんが住んでいるどの都道府県にも必ず「県の石」が存在します！

なぜヤマガタダイカイギュウがその「県の石」に選ばれたのか？ それは、新種のカイギュウ類化石であるとともに、カイギュウ類の進化の系統を教えてくれる貴重な化石であるからです。

088

カイギュウ類は哺乳類の仲間で、現生のマナティーなども含まれます。

このグループのご先祖様は、ジョルダンカイギュウと呼ばれるものでした。さらにカイギュウと聞いてもうひとつ思い出すのはステラーカイギュウです。こちらは新生代第四紀に出現したのち、北西太平洋を中心に18世紀頃まで生息しており、人間の乱獲によって絶滅してしまったとされる種です。全長は10メートル近くあったといわれています。

そして「前肢の指がなくなりかけている」といった特徴がこの中間の姿であると考えられ、カイギュウ類の進化の研究が大きく進んだのです。

陸や海に進出した
テティス獣類

ヤマガタダイカイギュウが生きていた時代、寒冷化によってマナティーやジュゴンの仲間などは生息域を狭めていましたが、ヤマガタダイカイギュウは大型化することで寒い環境にも適応していたと考えられています。また一方で、歯と指の骨は消失していくという独自の進化を遂げたようです。

ヤマガタダイカイギュウは、テティス獣類《じゅうるい》（あるいはテチテリア *Tethytheria*）というグループに含まれます。これは新生代のはじめ頃まで存在していた「テチス海」に由来した名で、テチス海の周辺に生きていた初期のテティス獣類が、その後、陸域や水域へと広がっていったと考えられています。テチス海は現在の地中海から中央アジア、東南アジア付近にまで広がっていました。テティス獣類にはゾウの仲間や束柱類（デスモスチルスやパレオパラドキシア）なども含まれます。

089　山形のヒーロー　山形県立博物館

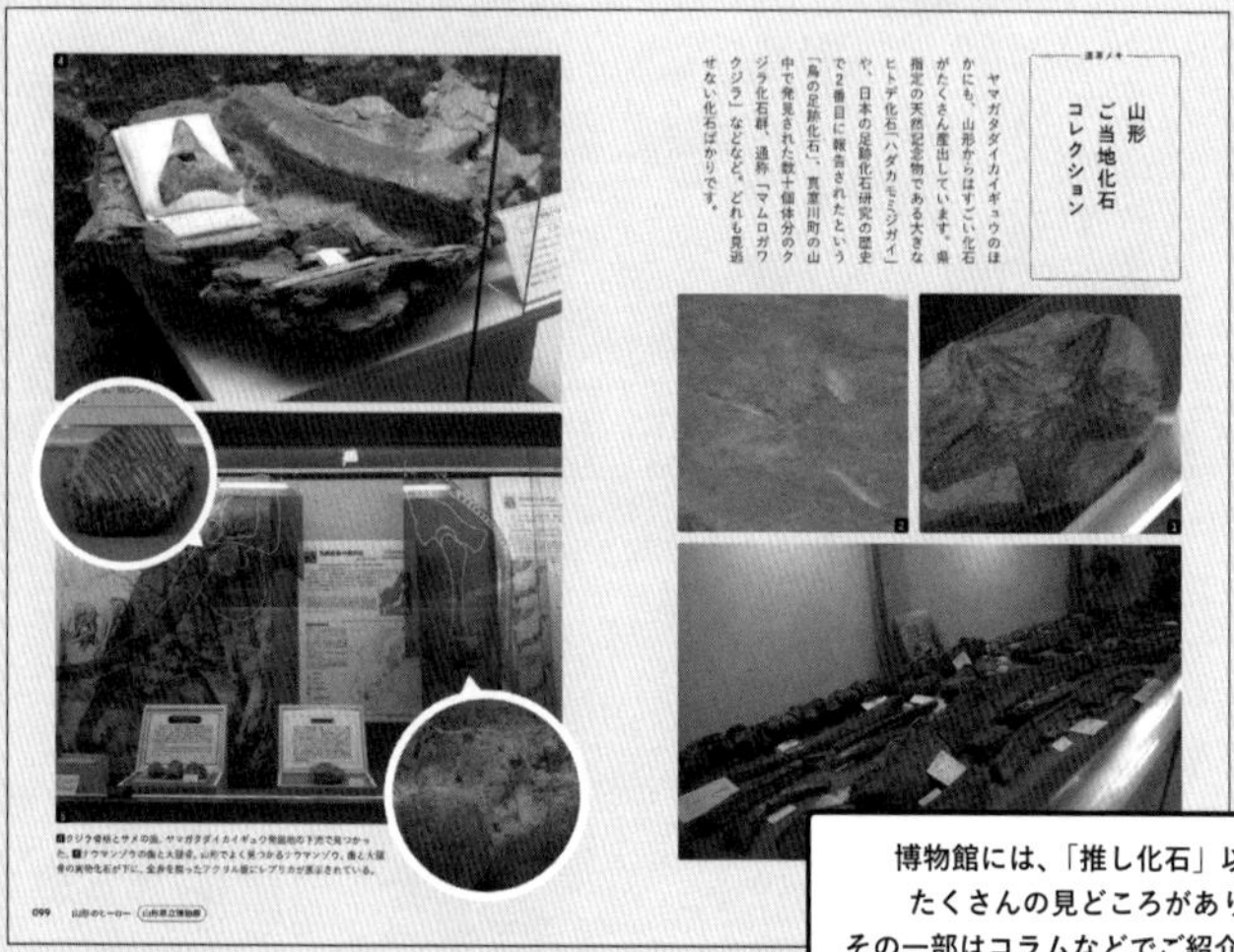
山形
ご当地化石
コレクション

ヤマガタダイカイギュウのほかにも、山形からはすごい化石がたくさん産出しています。県指定の天然記念物である大きなヒトデ化石「ハダカモミジガイ」や、日本の足跡化石研究の歴史で2番目に報告されたという「鳥の足跡化石」、真室川町の山中で発見された数十個体分のクジラ化石群、通称「マムロガワクジラ」などなど。どれも見逃せない化石ばかりです。

099　山形のヒーロー　山形県立博物館

博物館には、「推し化石」以外にも
たくさんの見どころがあります。
その一部はコラムなどでご紹介しています

＜注意＞

※「推し化石」として紹介する展示物は著者が選んだものであり、博物館の見解と必ずしも一致するものではありません。

※ 本書は2024年6月現在の情報に基づいて制作しています。

1章　日本のすごい化石産地

恐竜王国

福井県立恐竜博物館

「恐竜の世界ゾーン」

訪れたのはこちら

福井県立恐竜博物館

新種を多数産出している日本屈指の恐竜化石産地にある博物館。50体もの恐竜全身骨格を展示しています。HP https://www.dinosaur.pref.fukui.jp/

おなじみの
卵形ドーム！
そして、右手に
もうひとつ……!?
小タマゴ誕生

日本におけるトップクラスの恐竜化石産地であり、一大研究拠点でもある福井県。その福井県を代表する施設、恐竜博物館が、長期改修期間を経て、2023年7月にリニューアルオープンしました。

展示エリアが増築され、おなじみの卵形ドーム（本館）の正面右手に「小タマゴ」と呼ばれる新たなドームが誕生。もちろん本館の展示も大幅にアップデートされています！

というわけで、生まれ変わった本館と新たに誕生した新館をご案内しましょう。

よく来たな！

建物の外も恐竜だらけ

世界の恐竜に会いに行く

まずは本館1階「恐竜の世界ゾーン」へ。建物入り口は実は3階にあたるため、長～いエスカレーターで一気に下っていきますよ。

「ダイノストリート」と
呼ばれる通路を抜け、
突き当たりの産状化石を
観察しながら、その両脇を
ぐるっと囲むように伸びる
階段を上へ。

顔を覗《のぞ》かせて
いるのは……？
上腕骨
Humerus
頭骨
尾椎
大腿骨

最初に迎えてくれたのは、
ティラノサウルスのロボット！
ん？
怖いというより、
ちょっとかわいい……？

そして
ティラノロボの
向かって左には
タルボサウルス、

右には
サウロロフスが
展示されています。

最新研究を反映したシン・ティラノロボ

リニューアル後の鑑賞ポイントは、なんといっても「最新の研究がどのように反映されているか」です。

というわけで、特にそのあたりに注目しながら、まずはティラノサウルスロボットから見ていきましょう。

これは以前からある人気展示なので、「あれ？　変わってないじゃん」と思われた方もいるかもしれませんが、よく観察してみてください。動きや細部の造型が、以前とはまるで別物であることに気づくと思います。

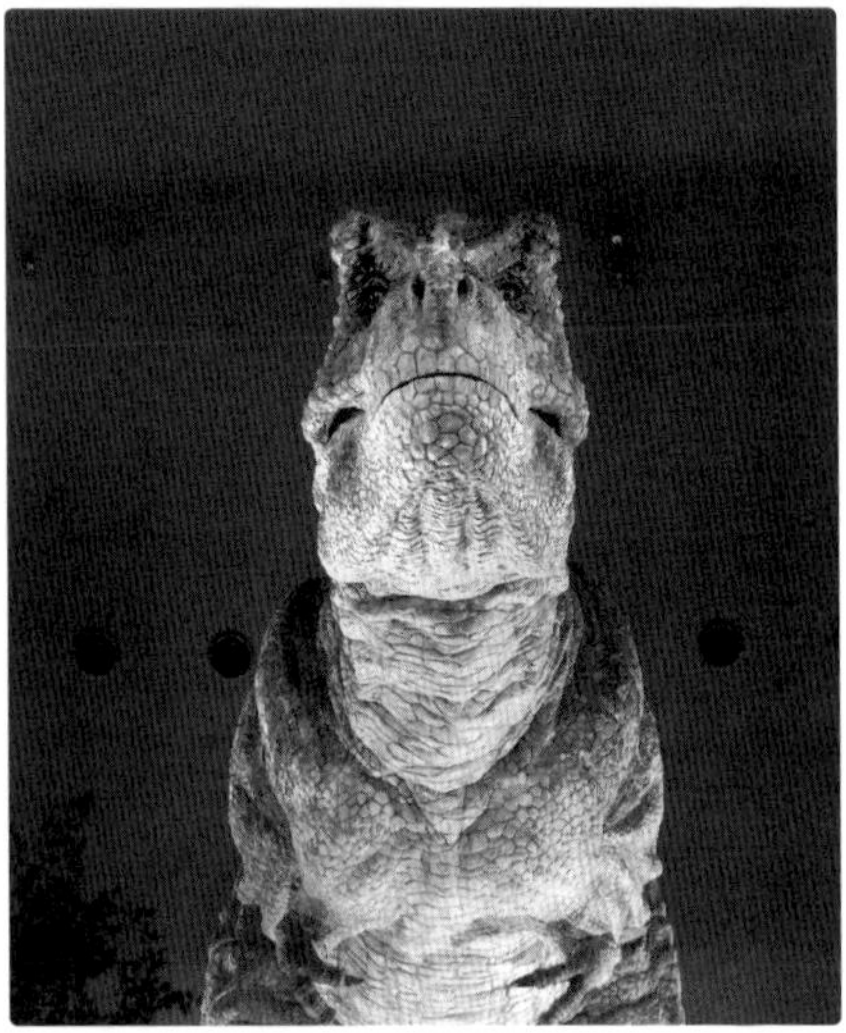

また、頭部はオーバーホール（部品のひとつひとつまで分解して洗浄や点検を行い、組み立て直すこと）され、その際に動きについても再調整されたそうです。確かに、動きが断然滑らかになったと感じます。しかも、観察する我々の方にときどき目線を送ってくるではないですか……！　目が合うとさすがに怖いです。

特に変化が大きいのが口まわりです。

近年の学説で、ティラノサウルスには歯を覆う皮膚があったと推測されています。これにより口をぴったりと閉じて、歯を乾燥から守っていたと考えられているのです。この学説を受け、口まわりの皮膚が追加され、そのおかげか、少し柔和な表情になりました。

ほかにも、頭の位置と重心、前足と後ろ足のバランス、まばたきに至るまで細かく再調整され、「より生物らしく」進化しています。

まだ建物に入って数分ほどですが、ロボットひとつにもこの気合い。恐竜博物館の本気度を感じますね！

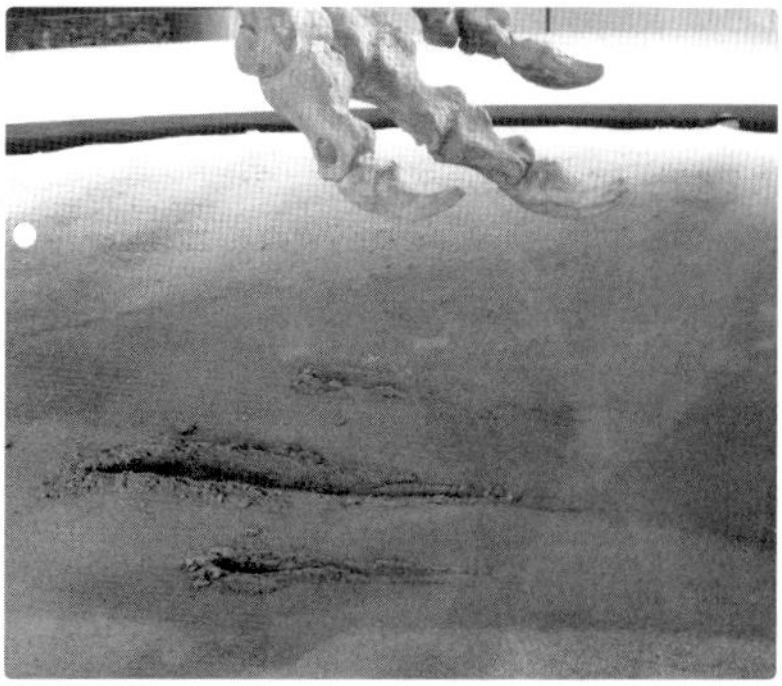

後ろ足が勢いよく蹴り出されたことを表現した、地面の掻き跡。この掻き跡にもしっかり監修が入っている。

ティラノサウルスの両サイドには、以前は別の場所にあった肉食恐竜のタルボサウルスと植物食恐竜のサウロロフスが配置されました。タルボサウルスはアジアを代表する大型の獣脚類、サウロロフスも同じ時代のアジアを代表する鳥脚類です。

恐竜博物館開館当初からの目的のひとつに、「アジアの恐竜研究を幅広く展示する」というものがありました。今回の配置換えは、そのコンセプトをさらに強く前面に押し出したものといえます。

骨格の姿勢にも注目してみましょう。このタルボサウルスは、以前は頭が右上を向いていましたが、リニューアル後は頭の位置が低くなり、反対に尻尾が上がって躍動感のある姿勢になりました。この姿勢には、反対側にいるサウロロフスに襲い掛かろうとしている、という裏設定もあるのだとか。後ろ足を蹴り上げて、今にも向かっていこうとする瞬間の様子を骨格で表現しているのですね。

ただ展示をリニューアルして再配置するだけでなく、最新の学説に合わせた姿勢への変更や、当時の生態系を思わせるような演出など、随所に研究者たちの並々ならぬ思い入れが感じられます。

常設展示全体の話をすると、各展示につけられた説明板も、最新の学説に合わせてすべて刷新されました。その数、なんと１００枚以上！　私も博物館のリニューアル作業は何度も担当していますが、説明板の更新は最も大変な作業のひとつです。多種多様な分野の学説をまとめ、間違いがないよう細心の注意を払って確認し、発注する。これを半年という短時間で成し遂げた恐竜博物館の方々には脱帽です。

わ！
すっごい迫力！
全長15メートル！
ほぼ実物化石で
組み上げられた
カマラサウルスです。
スロープを渡れば
間近で観察できます。
世界最高峰の
カマラサウルス化石

下には実物の
頭骨が！
カマラサウルスの
頭骨(実物)

頭骨は重いため、全身骨格ではレプリカに置き換えられているが、足元に実物化石が展示されている。

さて、次は竜脚類のエリアです。カマラサウルスに注目してみましょう。

このカマラサウルスの全身骨格は2007年にアメリカのワイオミング州で発見され、2009年に恐竜博物館に導入されました。全身の実に9割以上の骨が揃っているという、世界的に見ても非常に保存状態の良い標本です。

全長は15メートル。このサイズの全身骨格は、建築現場のように、まず鉄骨の足場を組んでから組み上げの作業が始まります。カマラサウルスに限らず、大型の標本は同様の方法で展示されており、古生物展示の大変さを物語っています。

ちなみに、ここ「恐竜の世界ゾーン」に向かう途中、ダイノストリート（17ページ）を抜けて突き当たりの階段の

尾椎
Caudal vertebrae
大腿骨
Femur
頭骨
Skull

カマラサウルスの産状化石（レプリカ）

下に置かれていた産状（骨を掘り出す前の地層に埋まった状態）は、このカマラサウルスのものです。どのように発見され、そこからどう組み上げられたのか、イメージするだけでも胸が熱くなってきますね！

カマラサウルスの骨格の下には、実物の頭骨が別に展示されています。

この頭骨は、化石化の過程で大きく歪んでいました。今回のリニューアルの機会にケースから取り出し、CTスキャナーにかけて内部構造を調査したそうです。普段は展示ケースから出せないような標本を詳しく調べる。これもリニューアルに伴う長期休館中だからこそできた研究といえるでしょう。

実は近年、CTスキャナーは恐竜研究に大きく貢献しています。

2023年3月には、福井県立大学恐竜学研究所が、福井大学医学部にある医療用のCTスキャナーを使って、肉食恐竜のアロサウルスや大型植物食恐竜のヒパクロサウルスなどの頭骨を調べています。聴覚をつかさどる「内耳」の構造や、顎のまわりの神経などの研究が進められているそうです。これらの研究もまた、休館中のタイミングに展示から化石を取り外して行ったものです。

また同年4月には同じく恐竜学研究所が兵庫県にある大型放射光施設「スプリング8」の高エネルギーX線CTスキャナーを利用して、フクイラプトルの大腿骨をスキャンしています。恐竜の年齢判定の可能性が高まると期待されています。

ほかにも、2019年に命名された新属新種の鳥類、フクイプテリクス・プリマは、岩石ごとCTスキャンにかけて内部の化石を3Dデータ化し、復元されています。岩石の中に細かな化石が入っている状態でクリーニングが困難だったため、このような技術がなければ復元は進まなかったかもしれません。

カマラサウルスの正面には大きな鏡が。並んで自撮りもできます。

見逃し厳禁！福井恐竜博の目玉化石

「恐竜の世界ゾーン」には、絶対に見逃してはいけない超貴重化石がほかにもたくさんあります。ここでは厳選して、あと二つだけご紹介しましょう。

まずはこちら。ベロキラプトルとプロトケラトプスの格闘化石です。

見てください、今まさに戦っているかのようなこの臨場感！　格闘化石と呼ばれるものは「そう見えるもの」も含めいくつか報告されていますが、この化石はプロトケラトプスの頭にベロキラプトルの鉤爪が刺さっていることから、実際に戦っていたものと考えられています。

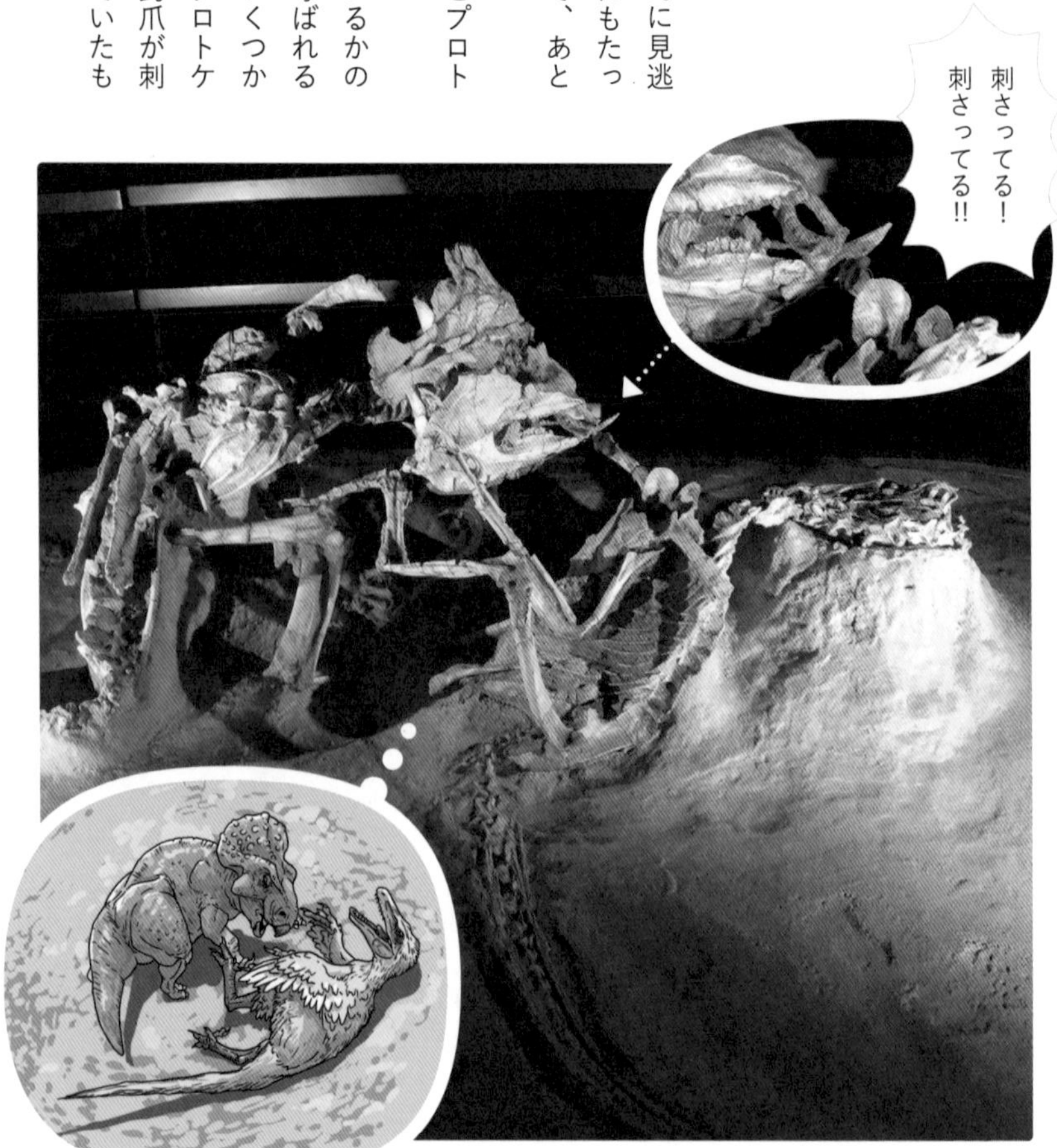

そして、このブラキロフォサウルスのミイラ化石も絶対に素通り禁止です。通常、皮膚などの軟体部は化石に残らないといわれていますが、この化石には皮膚や筋肉の痕などがきれいに残っていました。まさに奇跡の化石！

こちらは期限付きで借りている実物標本なので、今ここにあるうちに、一度は見ておきたいですね。

さあ、次に行きますよ！　ついてきてくださいね。

通路も収蔵庫も最新展示

ではいよいよ増築された新館の方にも足を運んでみましょう。本館から続く連絡通路を通っていきますよ。

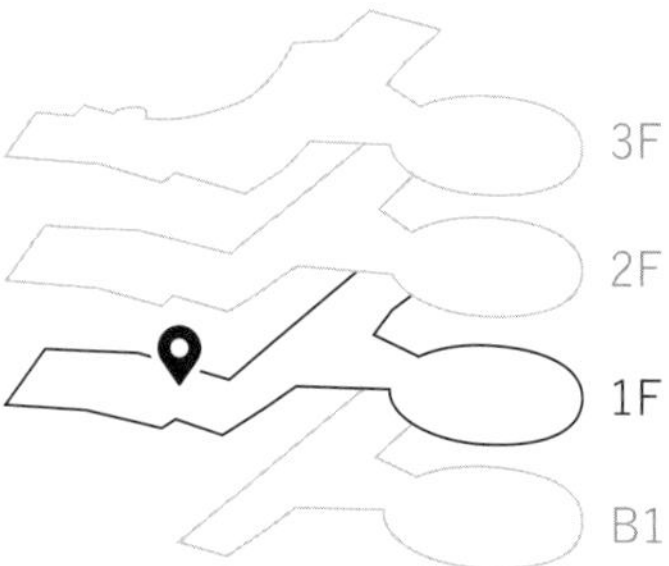

壁には恐竜たちの絵が描かれています。

お？ 何か音がしました。

歩きながら恐竜の絵を眺めていたら、鳴き声や息遣いが耳をくすぐるように聞こえてきました。まるですぐ隣に恐竜がいるかのような感覚です。

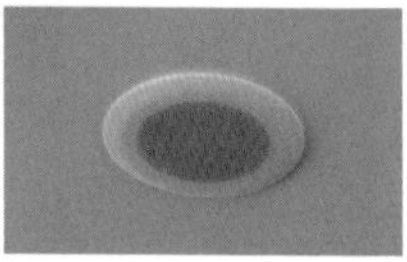

これは、音で触感を感じさせる「ハプティクス」と呼ばれるテクノロジーの一種。この先に、最新技術を駆使した展示があることを期待させてくれる演出です。

さらに歩みを進めると、目に飛び込んでくるのは収蔵庫です。

博物館に展示されているのは、収蔵物のうちのごく一部であるという話は聞いたことがあるでしょうか。残りは収蔵庫に収められ、日々研究が進められています。そこは博物館ファンにとって、まさに憧れの空間！ ここでは一部ですが、その空間がガラス越しに見学できるようになっています。

収蔵庫に置かれる標本は、新しく発掘されたものや、これから研究されるクリーニング前の岩石が一時的に置かれたりして、常時入れ替わります。

つまり、博物館の状況に合わせて内容が変わる収蔵庫を、展示物の一角でそのまま見せてしまおうという、新しい展示の試みがここに現れているのです。取材時にはフクイラプトルの骨格やベロキラプトルの生体復元模型などをガラス越しに見ることができましたが、皆さんが訪れるときはどんなものが見られるでしょうか……?楽しみですね!

「体験」とは名ばかりのガチ研修室

奥に進むと、化石研究体験室が見えてきます。ここが、新館の大きな目玉のひとつ!

「化石発掘プラス」、「T.rex頭骨復元」などのメニューから、季節ごとに3つのプログラムを体験できるコースが用意されています。

どれも最新の研究を擬似体験できる内容で、体験というより研究者育成コースといっても過言ではありません。

研修室の入り口に展示されている発掘道具にも注目してください。恐竜発掘現場で使用するハンマーやルーペ、接着剤、保護剤、巻き尺、地層の傾きを測定するクリノメーターなど、すべて現場で使用されている実物です。また野帳(野外調査で使う縦型のノート)に書かれた地形や地層のメモも、プロの古生物学者の手によるものです。

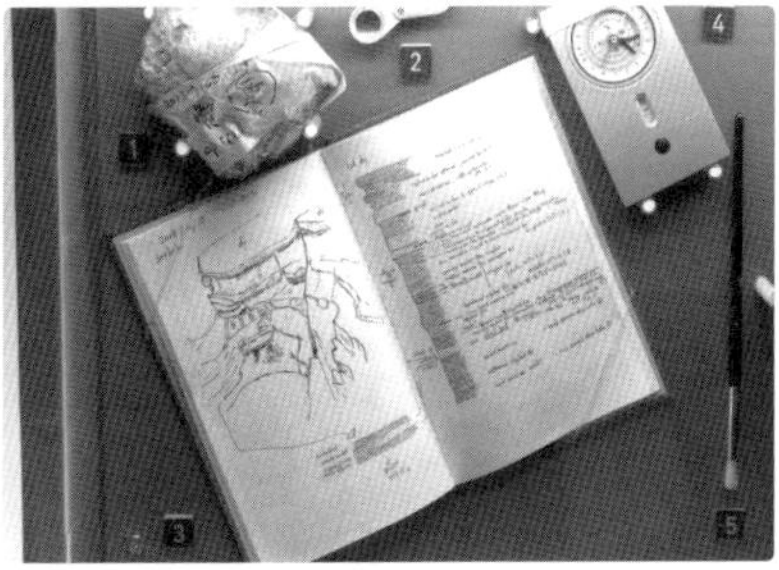

完成！
福井の恐竜モニュメント
新館の吹き抜けに出現したのは
「恐竜の塔」！

ここは、新館の中央を
1階から3階へ貫く、
エスカレーターホールです。

日本初!! 新属新種のオルニトミモサウルス類
ティラノミムス・フクイエンシス
おや？
この化石は……？

本館と同じく、新館にも各階を貫くエスカレーターホールがあります。その吹き抜けを利用して登場したのが、名付けて「恐竜の塔」！　これまで30年以上にわたって続いてきた福井の恐竜発掘プロジェクト、その成果である恐竜たちのオブジェが並んでいます。

　上から、フクイラプトル、フクイベナートル、フクイサウルス、コシサウルス、フクイティタン（フクイラプトルの一つ下は鳥類のフクイプテリクス）。なんと、福井ではこれまで、こんなにも多くの恐竜が発見されているのです！　そんな恐竜王国・福井の研究の歴史がひと目でわかるモニュメントというわけです。

　塔の下からその壮観な眺めを堪能するもよし、エスカレーターに乗って福井の恐竜たちを間近に感じるもよし。時間によってライティングが変わるので、いろんな表情が楽しめます。

　あ、福井の恐竜についてもっと知りたいですよね。わかりました。順番に解説していきましょう。

　まず、フクイラプトル。２０００年に学名が与えられた肉食恐竜で、国内で発見された肉食恐竜として初めて全身の骨格が復元されたものでもあります。全長４・２メートルで、獣脚類と呼ばれるグループの中では中型の部類に入ります。学名はフクイラプトル・キタダニエンシス。学名の中には発掘地である「北谷」の名前がしっかりと刻まれています。

　次に発表されたのは２００３年、フクイサウルスという鳥脚類に属する植物食の恐竜です。

　そして２０１０年には全長約10メートルのフクイティタンが、日本で初めて学名がつけられた竜脚類として発表

フクイラプトル

フクイサウルス

フクイベナートル

されました。発見部位がまだ少ないため詳細な分類は明らかになっていませんが、ティタノサウルス形類の原始的なものと考えられています。

2016年にはフクイベナートルと名付けられた小型の獣脚類も報告されました。こちらは全身の約70パーセントの骨が揃っており、原始的なテリジノサウルスの一種と考えられています。またCTスキャンを使った頭骨内部の3D復元が行われており、嗅覚と聴覚が優れた恐竜だったことがわかっています。

2019年には国内最古となる鳥類、フクイプテリクスの全身骨格がやはりCTスキャンを使った研究により発見されました。鳥類の化石はほとんどの骨が数センチメートルほどしかなく、取り出すのが困難です。フクイプテリクスもCTスキャンで3D画像を取得し、復元したものです。これも最新の分析機器とデジタル復元による成果といえるでしょう。

2020年にはスピノサウルス類の歯化石も見つかりました。

このように、日進月歩で進む福井の恐竜研究。実は、これで終わりではありません！ 当館リニューアルオープン後の2023年9月にもまた、日本初のオルニトミモサウルス類で、新属新種である「ティラノミムス・フクイエンシス」が発表されました。取材時には新館3階に展示されていましたが、現在は本館に移され、他の福井の恐竜たちと一緒に展示されています。

恐竜博物館の進化も、恐竜研究の進展も、両方が加速度的に進む現在の日本。次にどんな新しい展示でワクワクさせてくれるのか、まったく目が離せませんね。

本館1階の
「地球の科学ゾーン」の一角に、
福井の恐竜たちの骨格を発見！
※写真は取材時の展示
緻密に作られた
ミニジオラマも

3F
2F
1F
B1

なぜ福井で恐竜なのか？

なぜ福井で恐竜の化石が見つかるのか？　その要因は様々ですが、まず日本列島の成り立ちと、地球の歴史から考える必要があります。

　地球の大陸は移動している、という話は聞いたことがありますか？　これはプレート運動によるものです。プレートとは地球の表面を覆う厚さ約100キロメートルの岩盤のこと。地球をゆで卵に喩えるなら、プレートはいわば「殻」に相当します。

　ちなみにゆで卵の白身部分が「マントル」、黄身部分が「核」です。プレートは十数枚に分かれており、マントルの対流運動の影響で押し合ったり離れたりします。すべての大陸はこのプレートに乗っているため、大陸も動くわけです。プレートの移動速度は年に数センチメートル〜10センチメートルで、人の髪や爪が伸びる速度とほぼ一緒です。プレートがぶつかるときには大陸同士が合体したりもします。

　かつて日本列島はユーラシア大陸の東の端にくっついていました。しかし約2500万年前、何らかの原因で大陸から離れ始めます。この原因はまだよくわかっていません。いずれにしても大陸から離れた陸地が東と西に分かれ、それが合体して現在の日本の形に落ち着いたといわれています。これが約1500万年前のことです。

　日本列島が大陸にくっついていた時代は、恐竜が生息していた時代も含まれます。その時代に、例えば水辺などで恐竜たちが死ぬと、肉や皮がほかの動物に食べられたり、あるいは自己分解酵素やバクテリアなどに分解されたりして骨だけが残ります。これが砂や泥などの堆積物に埋もれ、運が良ければ化石化し、そこに保存されます。

　そのため、この時代に川や湖などでたまった地層の中には恐竜化石が含まれている可能性が高いのです。福井に分布する手取層群《てとりそうぐん》もそのような地層の一部というわけですね。

　手取層群は福井を含む北陸に広く分布しており、大規模な調査が行われた結果、福井は恐竜の一大発見地となりました。ほかにも、富山、石川、岐阜でも恐竜化石が発見されており、今後も同様の場所で恐竜が発掘される可能性は十分にあります。

　夢が広がりますね！

道草メモ

一番大変だった意外な作業とは？

取材時にリニューアルに関する裏話をいろいろ伺ったのですが、印象に残ったエピソードのひとつが「清掃」でした。博物館では、常に床材やカーペットからほこりが舞い上がり、それが展示物の上に積もるため、掃除が欠かせません。今回のリニューアルで特に大変だったのが、「恐竜の世界ゾーン」の奥にある植物のジオラマの清掃。幹や葉が何重にも折り重なった展示物は作業に手間がかかり、背の高い樹木であれば高所作業も必要になります。

そうした難関をクリアして、きれいに清掃され、本来の姿を取り戻した植物のジオラマ。恐竜たちの後ろで、中生代の風景を描き出しているその姿にも注目してみてください。

1本館１階の「恐竜の世界ゾーン」を支える実物大ジオラマ。高い木の上の方の葉っぱもすべてほこりが払われた。2ジオラマの一部である落ち葉には、本物も混ざっているとか。ぱっと見ではまったく見分けがつきません。

徳島県立博物館

“海の”陸生動物化石？

獣脚類の骨化石
全長が約2mの恐竜
骨の化石ではありません!
恐竜の骨質化した腱化石
恐竜の一部のグループ(イグアノドン類を含む鳥脚類など)は、背骨を補強するため、生きている時から腱組織を骨のように硬くします。
骨質化した腱
骨質化した腱
骨質化した腱

徳島県勝浦町で見つかった恐竜化石の一部

訪れたのはこちら

徳島県立博物館

主に徳島県に関する自然、歴史などの資料を展示した四国唯一の総合博物館です。化石もかなり充実。

HP https://museum.bunmori.tokushima.jp/

おや？　誰かが覗いていますよ。

徳島県立博物館は、徳島市の文化の森総合公園内にあります。２０２１年にリニューアルされ、「徳島恐竜コレクション」をはじめとする最新の研究結果を踏まえた展示が行われています。

建物入って
正面の階段を上り、
左手が
博物館常設展。

博物館に入ると、まず圧倒されるのが3体の恐竜骨格模型！
ですが……、

注目はこちら！
イグアノドン類の歯
さっそく参りましょう。

ィタノサウルス形類の歯

徳島の恐竜がすごいワケ

ここ徳島県が、四国最大級の恐竜化石産地であることはご存じですか？

1994年4月に勝浦町からイグアノドン類の歯の化石が発見されたのを皮切りに、2016年には竜脚類ティタノサウルスの仲間の歯化石を発見、そして2018年には徳島県立博物館の調査により、恐竜の化石を含む「ボーンベッド」が特定されました。ボーンベッドとは、動物の骨の化石がやたらに密集した地層のこと。つまり、ここを調査すれば、さらにたくさんの恐竜が見つかる可能性が高いということです！

調査は継続的に行われていて、福井県立恐竜博物館や福井県立大学恐竜学研究所などとともに行った2021年度の勝浦町発掘調査でも、イグアノドン類の歯と尾椎（尾の骨）が発見されています。このイグアノドン類は骨の化石としては日本最古級(約1億3000万年前）のものであるとして、日本古生物学会で報告されました。

「日本最古級の恐竜化石」。

なんと胸踊るワードなのでしょう！

これだけでもコトの重大さがおわかりかと思いますが、でもワタシがここで解説したいのはもっと別の視点のお話です。徳島で恐竜が見つかるということ自体に、とても大きな意義があるのです!!　ヒントは、恐竜はどこで生活していたか。そしてここに広がる地層はどこでできたか。

ご説明しましょう。

奇跡の地層

徳島の大部分は、「西南日本外帯」という地域に位置します。西南日本において中央構造線よりも南側の地帯のことです。

では「中央構造線」とは？

茨城県つくば市にある地質調査総合センターによれば、中央構造線とは「西南日本（特に関東西部〜四国）で、地質が大きく異なる境の断層線のことです」とあります。*この中央構造線の北側の地域を西南日本内帯、南側の地域を西南日本外帯と呼ぶのです。

大事なのはここからです。

以前は、日本の恐竜化石は中央構造線の北側に集中していると考えられていました。なぜなら、恐竜が生きていた時代である中生代は、日本はアジア大陸の東の縁にあったからです。中央構造線より北側にある内帯は、その時代に陸地で堆積した地層（陸成層）が分布しています。恐竜は陸で生活していた生物であるため、この陸成層から化石が見つかる場合が多いのです。

逆に中央構造線より南側にある外帯は、海で堆積した地層（海成層）が多いということ。そのため、恐竜化石の発見はそれほど多くありませんでした。そうです！　徳島で見つかったボーンベッドは、この常識を覆す大発見！　まさに「奇跡の地層」というわけです。

ここはその昔、大陸の沿岸部にあたり、海へと流れる大きな河川が三角州をつくった場所と考えられています。今後新発見が続けば、博物館の恐竜展示もさらに充実するかもしれませんね。

地質境界としての中央構造線とその周囲の地層岩石。
20万分の１日本シームレス地質図より作成。
基図は国土地理院の白地図，地質調査総合センター公式サイト

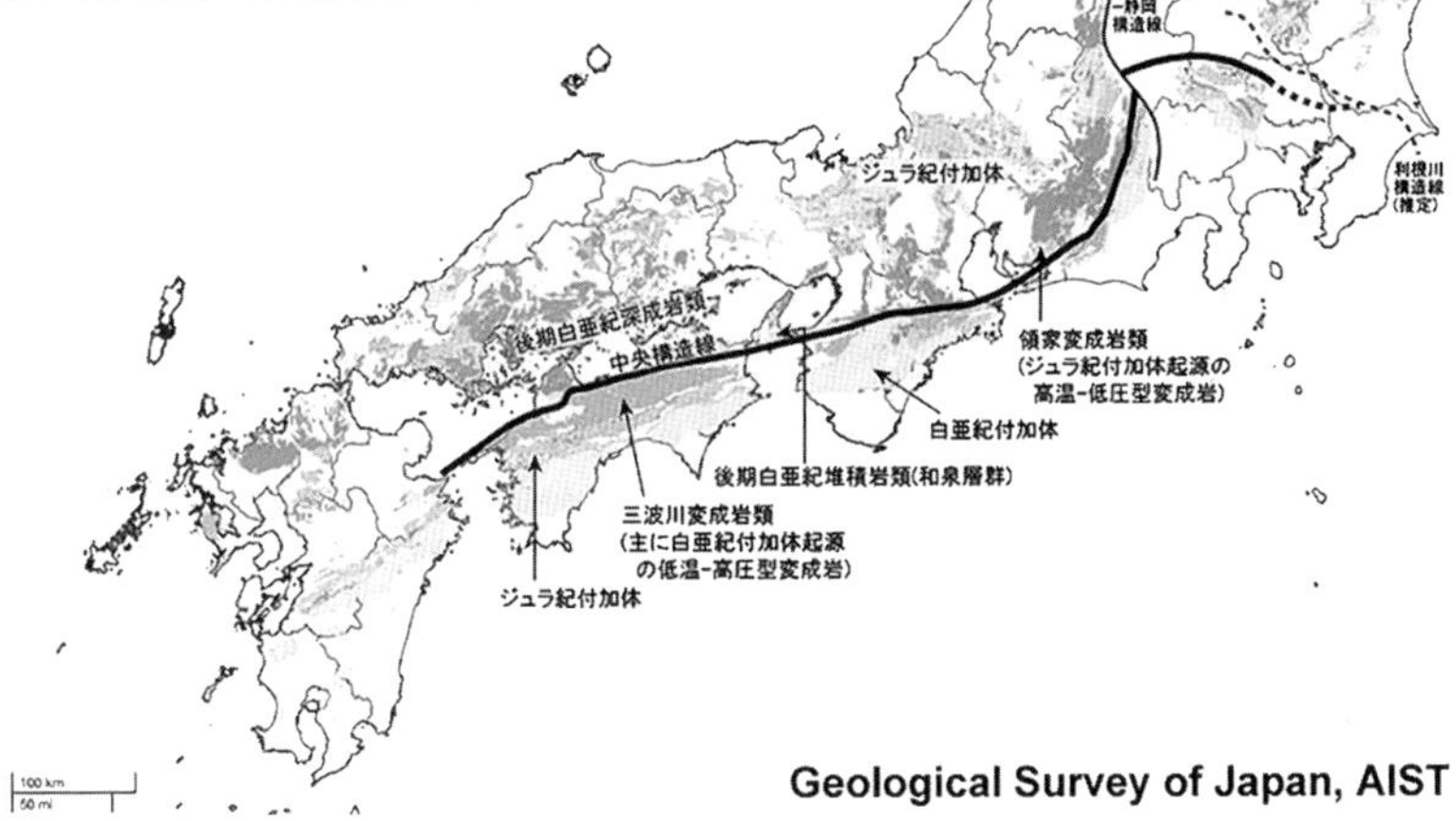
糸魚川-静岡構造線
ジュラ紀付加体
利根川構造線（推定）
後期白亜紀深成岩類
中央構造線
領家変成岩類（ジュラ紀付加体起源の高温-低圧型変成岩）
白亜紀付加体
後期白亜紀堆積岩類(和泉層群)
三波川変成岩類（主に白亜紀付加体起源の低温-高圧型変成岩）
ジュラ紀付加体
100 km
50 mi
Geological Survey of Japan, AIST

＊ただし同サイトにもあるように、中央構造線は日本列島が形づくられてきた過程でできた地層の「古傷」であり、今現在も地震を引き起こしている活断層の集まりである「中央構造線活断層系」とは、おおむね同じ位置にあるものの、別のものとして厳密に分けて考える必要があります。

海成層での
恐竜化石発見の
ニュースに、
今後も注目ですよ！

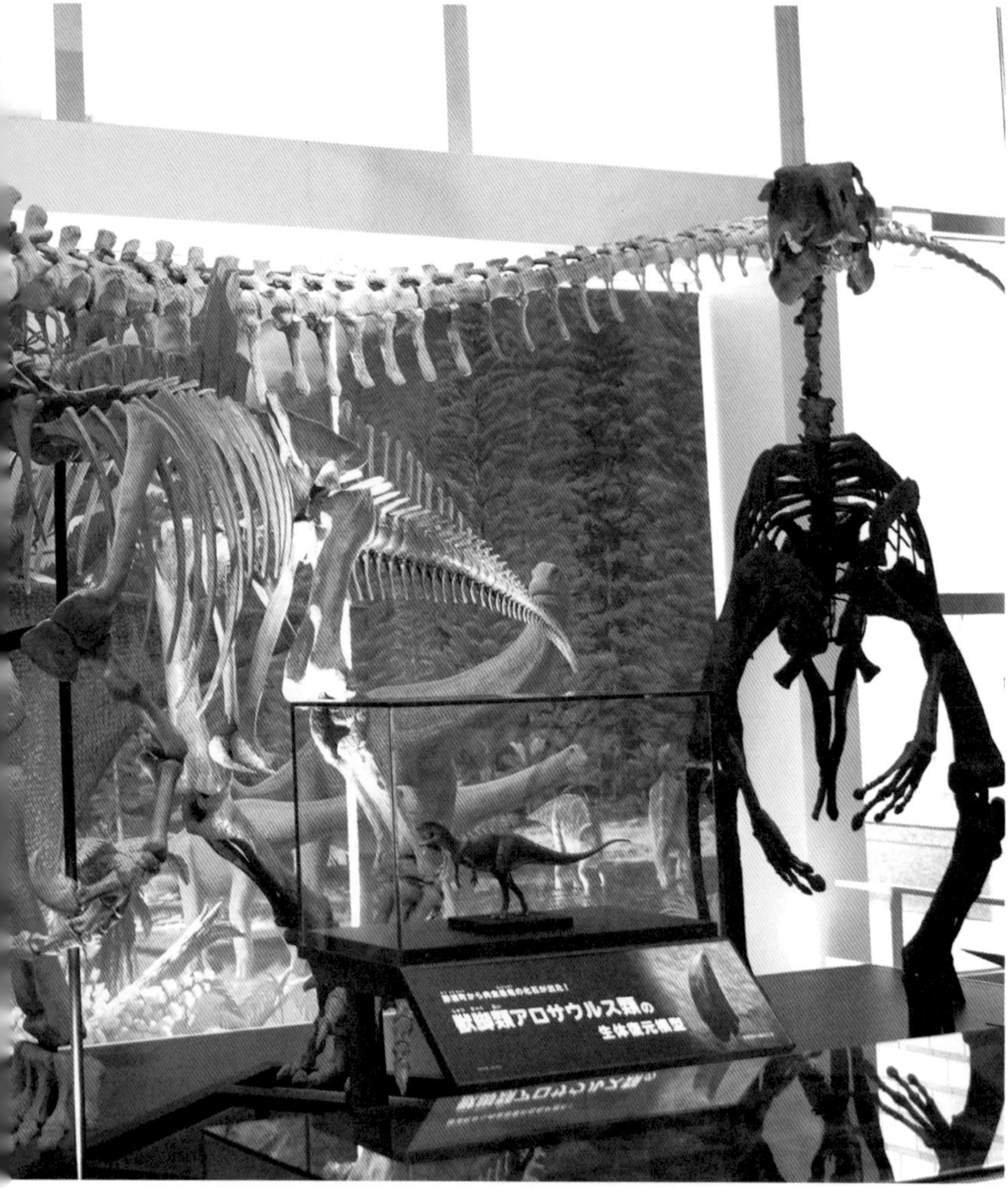

骨格模型の下のガラスケースには勝浦町産の恐竜やカメの化石が並べられている。いずれも実物化石。左は獣脚類の歯(2018年)、右はイグアノドン類の尾椎と歯(2021年)。

せっかくなので恐竜骨格にも注目しましょう。こちらはコンカベナトールという、獣脚類アロサウルスの仲間です。獣脚類の歯の化石が発見されたことにちなんで展示されています。福井県立恐竜博物館が産状化石から立体復元し制作した骨格模型の型を借りて作ったものだそうで、かなりの珍品です！

「遊山ナビ」というアプリをダウンロードすると、館内のいくつかのポイントで、動く恐竜ARが楽しめます！

ナウマンゾウの

瀬戸内海から ナウマンゾウ!?

さて、時代を1億数千万年前の恐竜時代から、我々哺乳類が台頭した新生代、中でも「人類の時代」と呼ばれる第四紀に移しましょう。

徳島恐竜エリアを抜けて続く「地質時代の徳島」のコーナーには、ナウマンゾウの化石がいくつか展示されています。でもこれらは、徳島県の陸上から発見されたものではありません。

ではどこから来たのか？

実は「海の中」からなのです。

大きな牙のナウマンゾウが出迎えてくれました！　この骨格レプリカは、北海道幕別町忠類《まくべつちょうちゅうるい》で発見されたオスの標本を元にしたもの。オスだから牙が大きいのですね。

　でもここで注目するのは、足元に置かれた牙。そして臼歯、脛骨《けいこつ》。これらは、瀬戸内海産のナウマンゾウの実物化石です。瀬戸内海の海底からは、このような化石がたくさん揚がっています。

オスの牙

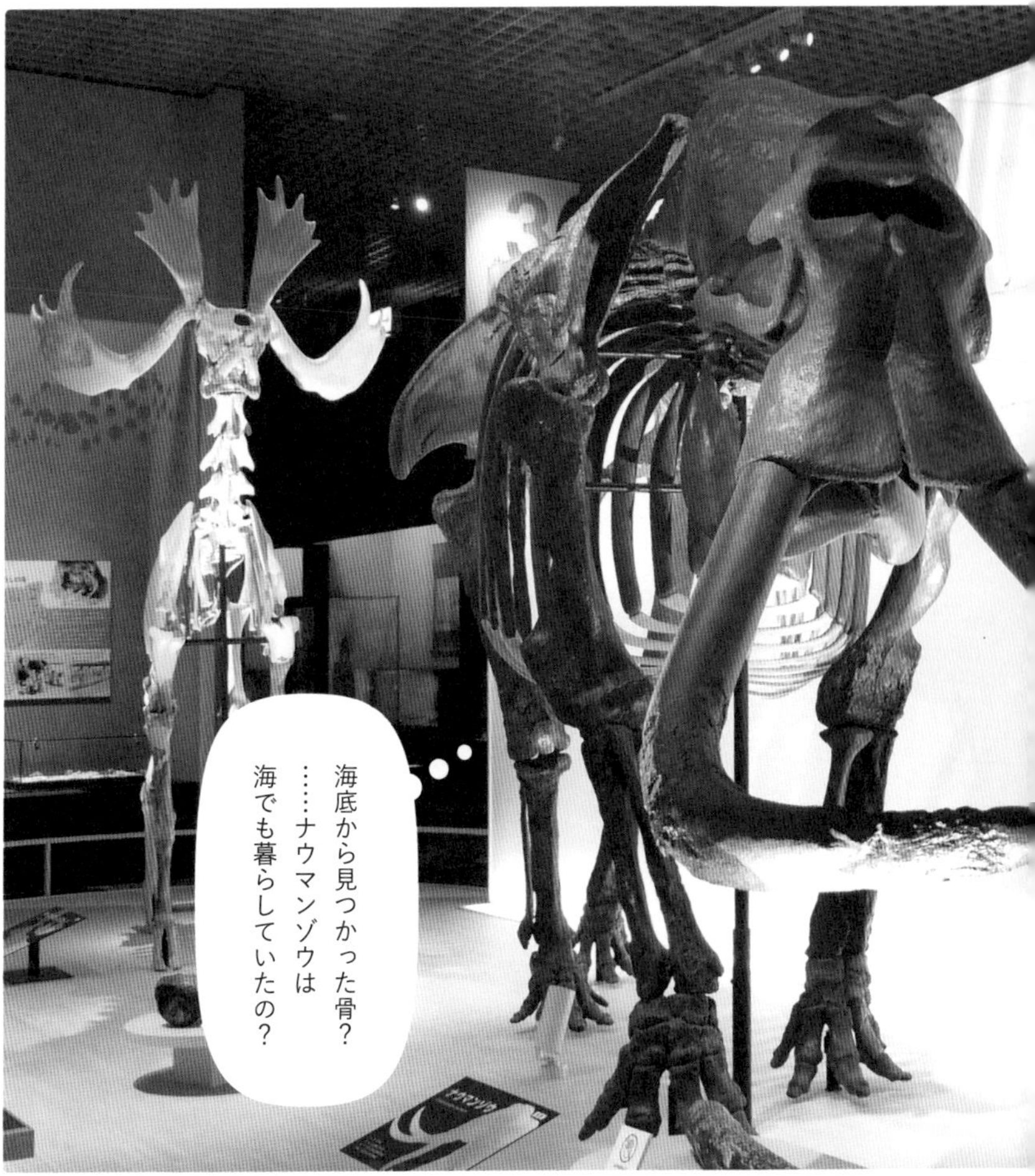
海底から見つかった骨？
……ナウマンゾウは
海でも暮らしていたの？

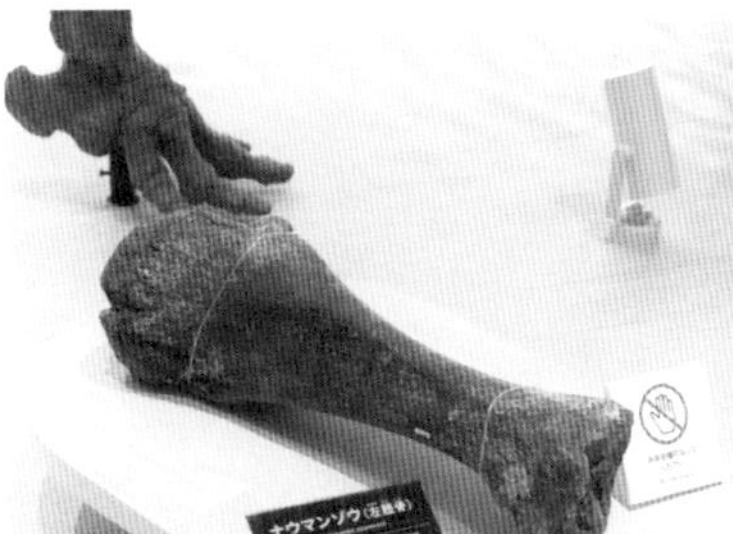
ナウマンゾウ（左脛骨）

左脛骨

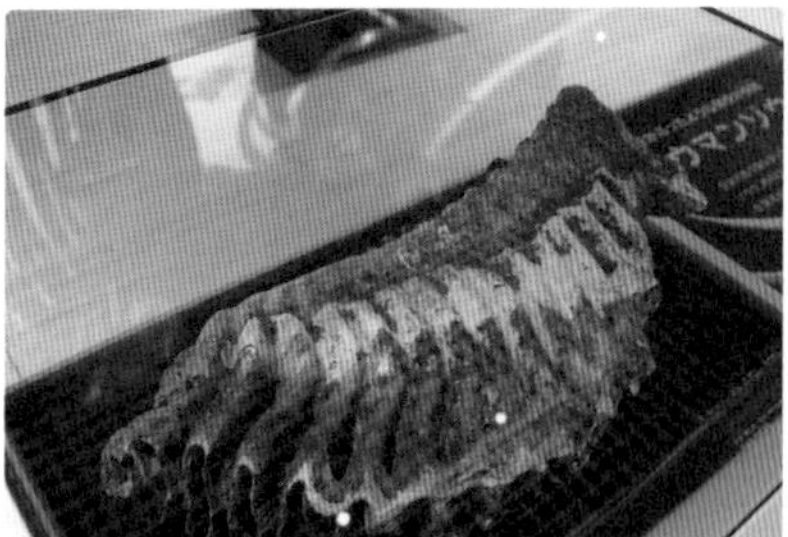

下顎第３大臼歯

ナウマンゾウのいた時代

　これらの化石が発見されたのは鳴門海峡の海底で、なんとその多くが底引き網で漁師さんに引き揚げられたもの。ではなぜ海底にゾウの化石が数多く眠っているのでしょうか。

　その謎を解くカギは、ナウマンゾウが生きていた第四紀という時代と、地球規模の環境変動との関係にあります。

　過去に地球がとても寒かった時代、海面は今よりも下がっていました。瀬戸内海の一部は陸地となり、そこをナウマンゾウが歩いていたと考えられています。これについてもう少し詳しく見てみましょう。

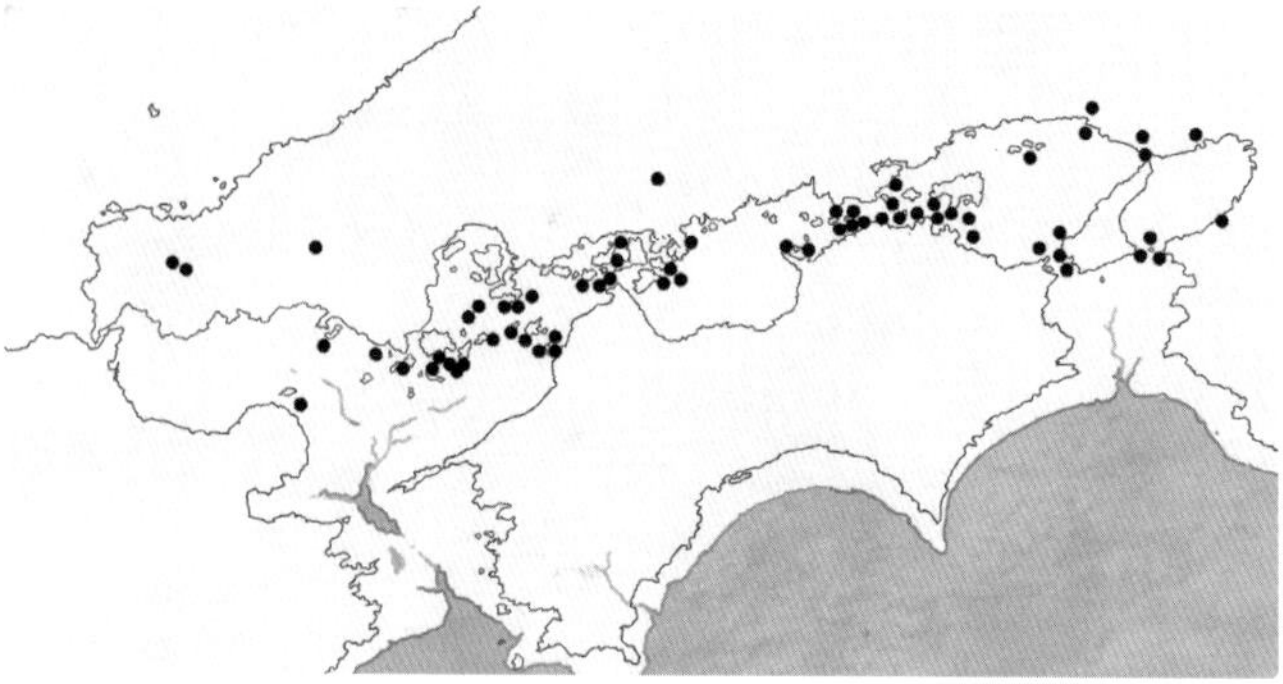

現在の四国の地形と２万年前の陸地（白い部分）。●はナウマンゾウの化石が見つかったところ
（展示パネルを参考に作図）

　第四紀とは、２５８万８０００年前から現在までの期間を指し、「人類の時代」とも呼ばれる比較的新しい時代です。

　また、この時代は氷河時代としても知られ、雪を被ったマンモスの絵に見覚えのある人も多いでしょう。

　氷河時代には氷期と間氷期があり、氷期とは氷河時代の中でも寒い時代、間氷期は氷河時代の中でも比較的暖かい時代を指します。ちなみに氷河時代とは、極地や高緯度地域などに、氷床と呼ばれる氷の塊がある時代のことです。ですから実は私たちが暮らしている現在も「氷河時代」であり、その中では比較的暖かい「間氷期」なのです。そして地球は、ここ１００万年ぐらいの間、約2万～10万年の周期で氷期と間氷期を繰り返していると考えられています。

　なぜそんなことがわかるのか？　不思議ですよね。でも、これにはちゃんと証拠があります。

氷には気泡ができます。南極の氷床の中にも気泡があり、中には過去の大気が閉じ込められています。ここに含まれる二酸化炭素やメタンなどの成分を分析することで、当時の気温などを推定できるのです。すごいですよね！ほかにも、海底に保存されている有孔虫と呼ばれる微生物の化石の殻から酸素の同位体比を測定し、当時の海水温を推定することもできます。このように、複数の証拠を突き合わせながら、過去の地球がどんな環境だったかを復元していくのです。

地球環境のこうした変動は、地球の公転軌道が約10万年周期で揺らぐことや、約4万年周期で地軸の傾きが変わること、また約2万年周期で地軸が歳差運動(味噌すり運動)することによって起こると考えられ、これらを発見者であるセルビアの研究者にちなんで「ミランコビッチ・サイクル」と呼びます。また最後に起きた氷期を最終氷期と呼び、その中でも最も寒かった時代を最終氷期最寒期と呼びます。この時代には海面が今と比べ120メートル以上も下がったと推測されています。

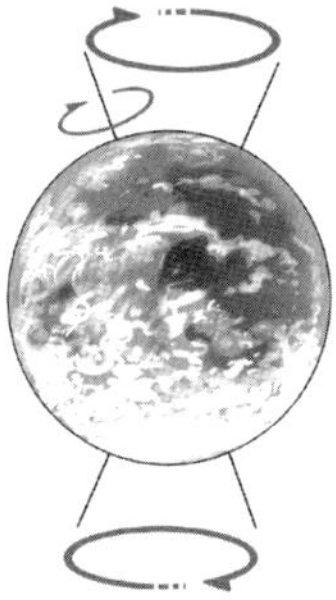

歳差運動(味噌すり運動)

歳差運動による地球の自転軸の方向は2万年で1周する。

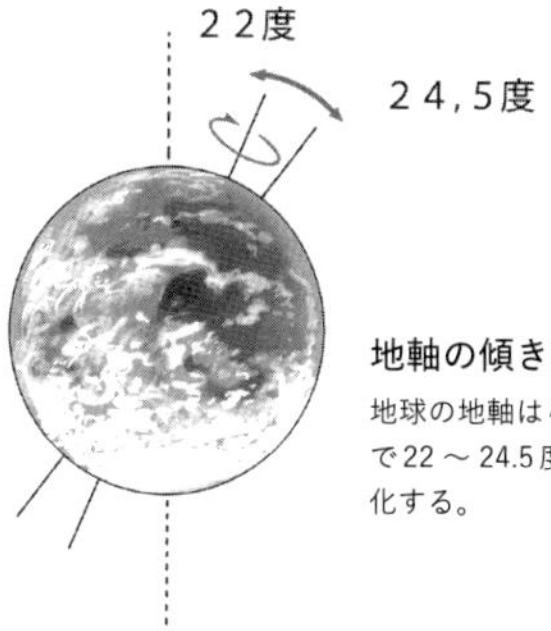

地軸の傾き変化

地球の地軸は4万年周期で22～24.5度の間を変化する。

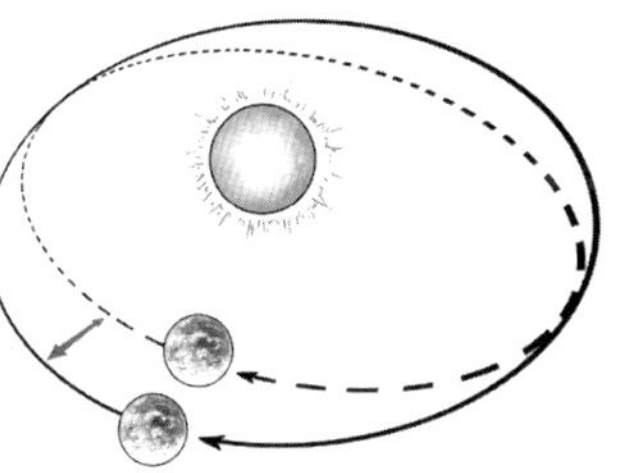

太陽の距離変化

地球が太陽の周囲を公転する時、軌道は楕円を描き、その離心率は10万年周期で変化する。
地球が寒い時期と暖かい時期を繰り返すのは、これらの働きにより太陽から受ける日射量が周期的に変動するためと考えられ、この周期のことを「ミランコビッチ・サイクル」という。

ナウマンゾウの暮らし

ナウマンゾウが暮らしていた約40万～1万8000年前。その間にも地球の寒冷化が起こり、瀬戸内海の一部は陸化していたと考えられています。温暖化の影響で海面が上昇することで小さな島が海に沈んでしまうといった問題を耳にしたことはあるでしょうか。寒冷化ではその逆のことが起こるのです。

ナウマンゾウがいたある時期、陸化した瀬戸内海のあたりを陸生動物たちが歩いていたと考えられます。そのため、ナウマンゾウを

はじめとする大型陸生動物の化石が、この一帯でたくさん見つかるのです。

また、地球の温暖化と寒冷化については、一時とても話題になったチバニアンの地層でも調査が続けられており、当時の環境変化が生物にどのような影響を与えていたのかが、現在進行形で研究されています（ちなみに、チバニアンについては、131ページで詳しく取り上げます！）。

恐竜時代からナウマンゾウの時代まで、幅広い年代の、しかも地球規模での環境変化が味わえる徳島県立博物館、いかがでしたでしょうか？

道草メモ

徳島が誇るもうひとつのコレクション

徳島県立博物館には古生物のエリアがもうひとつあり、徳島県産以外の化石はこちらに展示されています。

絶対に見逃せないのは、南米の哺乳類たちです！

アルゼンチンのラプラタ大学から文化交流の一環として寄贈された、日本ではここでしか見られない貴重な実物化石がたくさんあります。

3

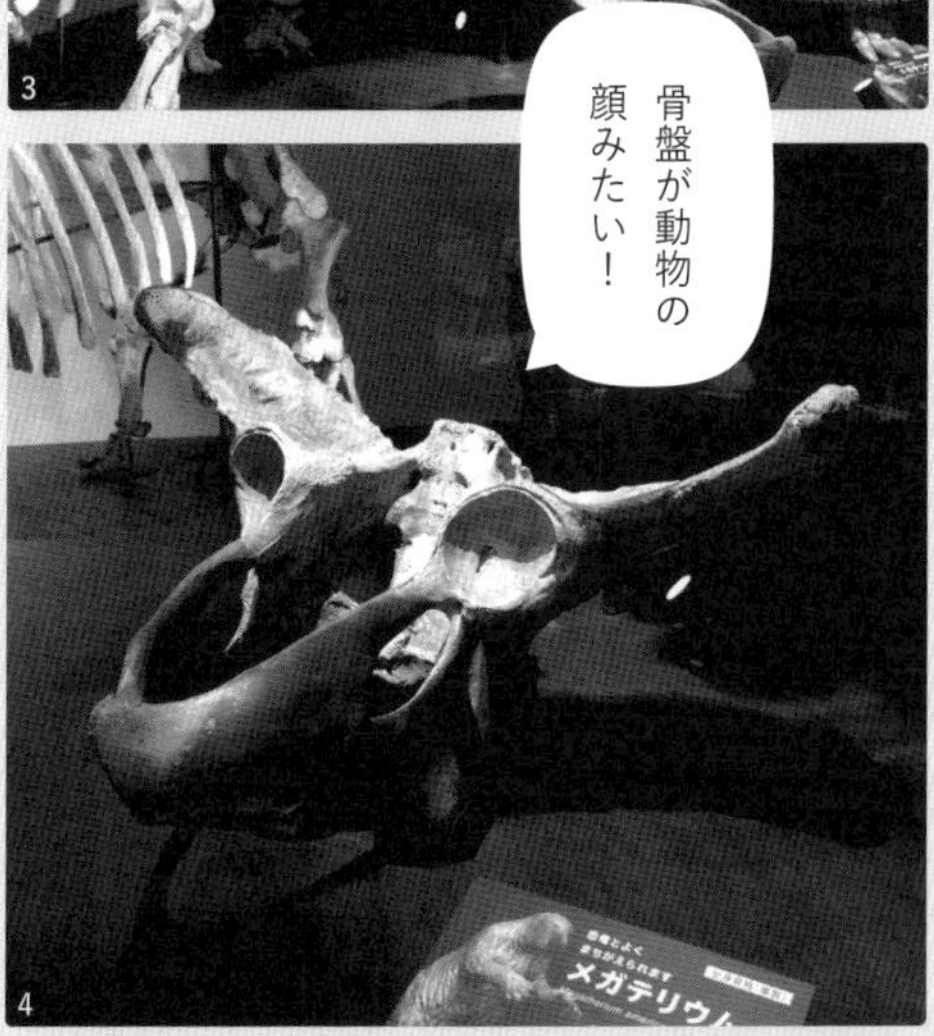

4

5

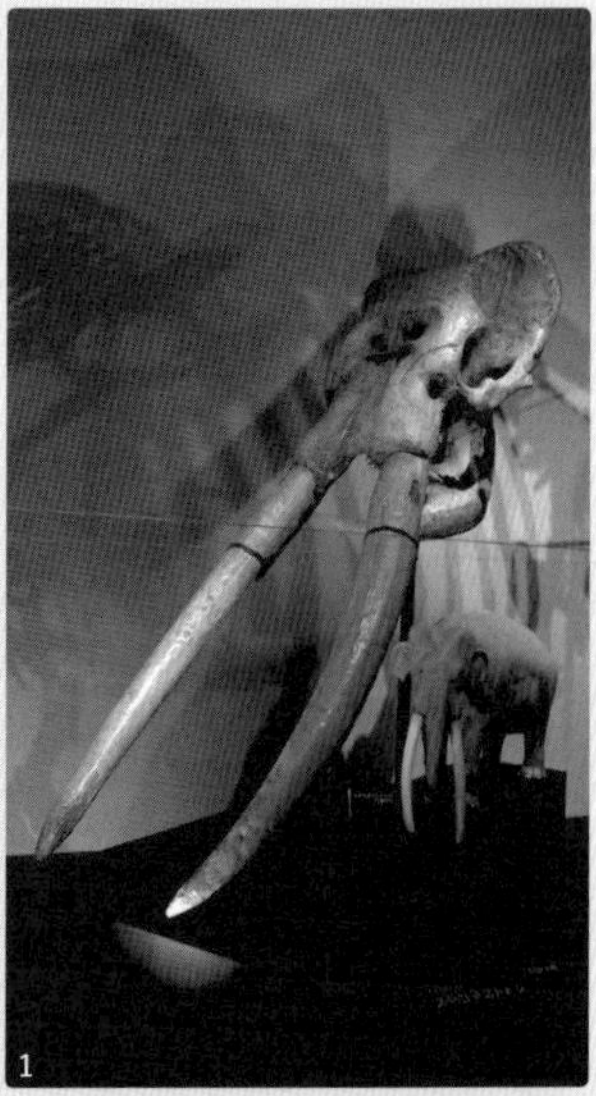

1

2

❶ナウマンゾウに負けず劣らず長大な牙が魅力のステゴマストドン。❷トクソドン。南米で進化した有蹄動物。❸❹メガテリウムはナマケモノの仲間ながら、その迫力ある姿は似ても似つかない。全身復元骨格の前には実物の骨盤化石が展示されていて、こちらも異様な存在感を放つ。❺単弓類のエクサエレトドンの頭骨も。単弓類は恐竜時代の前に栄えたグループで、実は哺乳類も単弓類に含まれる。こちらも実物化石。

（画像提供　天草市立御所浦恐竜の島博物館）

島まるごと化石博物館

天草市立御所浦恐竜の島博物館

白亜紀の壁

訪れたのはこちら

天草市立御所浦恐竜の島博物館

熊本県の離島・御所浦の白亜紀資料館が「恐竜」を冠してリニューアル。野外も含め島すべてが博物館です。HP https://goshouramuseum.jp/

次にご紹介するのは、本書で案内する博物館の中でも特に珍しいところかもしれません。なにしろここ御所浦は、島全体が博物館といっていい場所だからです！

御所浦は、御所浦島や牧島など大小18の島々から構成され、島の各地に化石の産地やジオスポットがあります。「日本の地質百選*」にも選定されており、恐竜ファンなら知らない人はいないであろう、まさに〝化石の島〟！　この地域で中生代の恐竜化石がたくさん発見されていることから、御所浦のある熊本県の「県の石」（100ページ参照）には「白亜紀恐竜化石群」が選ばれたほどなのです。

さて、この島をジオツアーでまわる際、その中核施設となるのが「天草市立御所浦恐竜の島博物館」です。長く親しまれてきた御所浦白亜紀資料館が大規模リニューアルされ、2024年3月、満を辞して新たにオープンしました。

ちなみに御所浦白亜紀資料館では、このリニューアル工事に伴う休館中、HP上でバーチャルミュージアムを公開（2024年6月現在も閲覧可）。おうちから、お手持ちのスマホから、気軽に資料館を探検できると大好評でした。こうした博物館のVR化は、2024年現在、様々な博物館や展示施設で進められており、360度撮影可能なカメラや、LiDARと呼ばれる測距センサーを搭載した3Dカメラなどで博物館全体をスキャンし、仮想空間で博物館見学が可能なシステムが導入されています。これには、博物館の魅力を遠隔地の人にも伝えて入館者の増加につなげる効果があるだけでなく、日々刻々と変化する博物館の展示内容を3Dで記録しておくことができるというメリットもあるんですよ。

＊日本の地質百選：「日本の地質百選選定委員会」が選定。地質学的に見た、日本の貴重な自然資源を選定したもの。

御所浦白亜紀資料館バーチャルミュージアム
http://gcmuseum.ec-net.jp/virtual/

バーチャルミュージアムの館内の様子

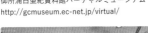

恐竜の島・御所浦野外見学地マップ

横浦島の不整合
横浦島
前島
トリゴニア
砂岩化石採集場
恐竜の島
博物館
御所浦島
鳥峠のアンモナイト
白亜紀の壁
化石採集体験やジオツーリズムガイドによる現地案内も行っていますよ。

いくつかの島からなる御所浦。御所浦恐竜の島博物館のほかにも恐竜化石発見地や「白亜紀の壁」など、気になりすぎるスポットがたくさん見えますね。

これぞ〝島まるごと化石博物館〟！

さあ、参りましょう！

牧島
アンモナイト館
日本最古の
大型哺乳類化石発見地
黒島
竹島
弁天島の
恐竜の足跡化石
発見地
京泊の
恐竜化石発見地

御所浦の恐竜発見史

熊本県で恐竜が初めて発見されたのは1979年のこと。日本初となる肉食恐竜の歯の化石が、御船町から発見されました。そして1997年にはここ御所浦から国内最大級の肉食恐竜の歯の化石が見つかりました。御所浦には白亜紀中頃の地層である御所浦層群《ごしょうらそうぐん》と白亜紀後期の姫浦層群《ひめうらそうぐん》があり、ここから恐竜の化石が発見されています。

例えば1999年に御所浦で発見された恐竜化石は、その後の福井県立博物館との共同研究により、竜脚類の肋骨の化石であることがわかりました。推定全長は約15メートル、国内最大級とされています。また九州初の恐竜足跡化石や、イグアノドン類の歯化石など、ほかにも恐竜化石の発見が続いています。

恐竜化石が最も多く発見されているのは御所浦の南西部にある「外平の採石場」です。ここは「白亜紀の壁」（54ページ）とも呼ばれ、御所浦層群が最大で高さ200メートル以上の露頭《ろとう》（地層や岩石が露出したところ）として見られます。赤・白・暗い灰色のコントラストが特徴的な地層ですが、赤い層は氾濫原（河川が洪水したときに冠水してしまう平野）の堆積物（赤鉄鉱を多く含むため赤く見える）で、白色はアルコース砂岩、暗い灰色は干潟などで堆積した地層と考えられています。

御所浦には弁天島と呼ばれる、周囲約300メートルの小さな島があります。1997年に九州初となる恐竜の足跡化石が発見されたのがまさにここ！　さらにその南にある京泊では植物食恐竜の脛の部分にあたる化石が発見されています。

なお、どんなにたくさんの化石が見つかるからといって、許可なく化石の発掘行為をしたり、化石を持ち出すことは禁じられています。興味のある方は、博物館から徒歩5分のところにある化石採集場での体験に参加しましょう。

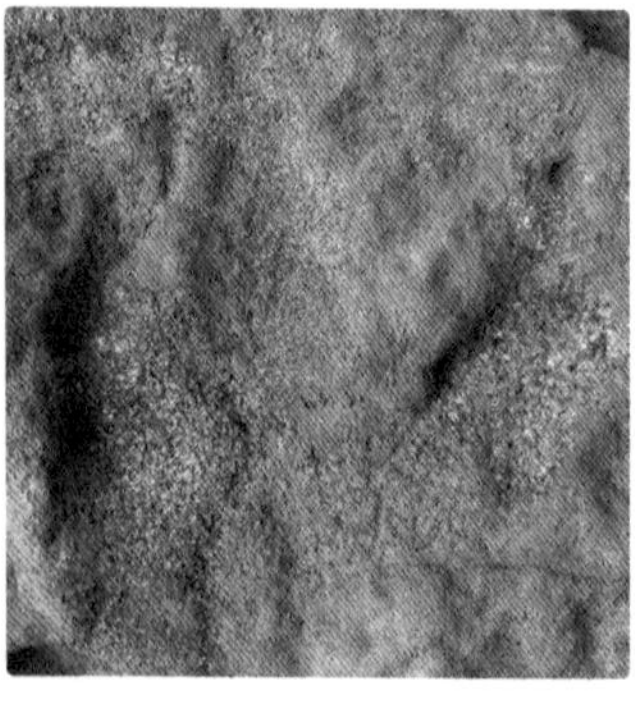

九州初の恐竜の足跡化石
（画像提供　天草市立御所浦恐竜の島博物館）

御所浦恐竜の島博物館の主な化石コレクション

1

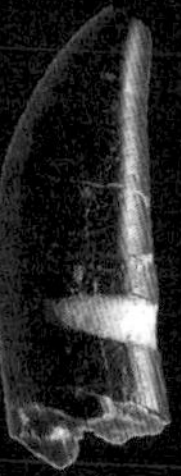
4

5

7

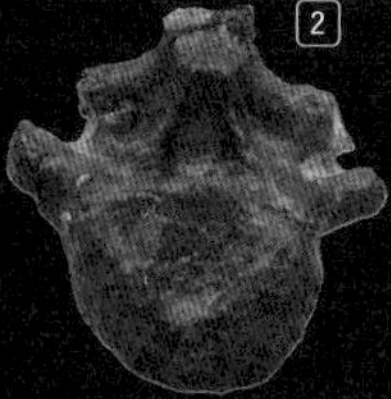
2

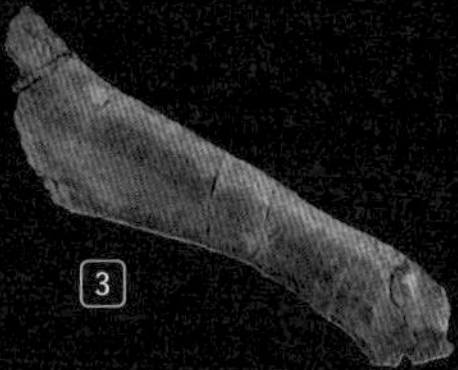
3

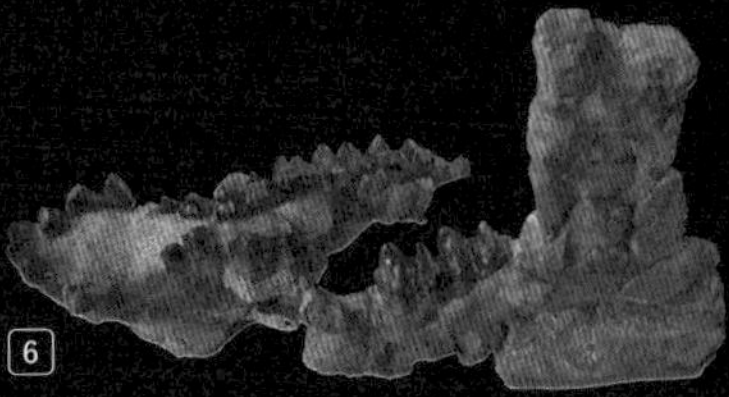
6

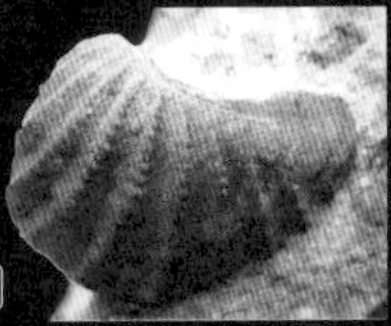
8

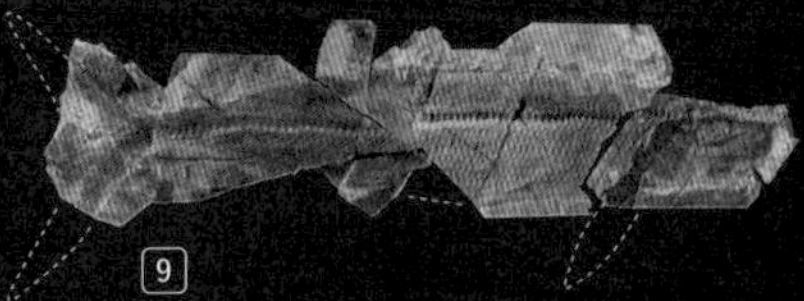
9

1 97年に発見された日本最大級の肉食恐竜の歯　2 98年に発見された恐竜の椎体　3 97年に発見された植物食恐竜の足の骨　4 97年に発見された竜脚類の歯　5 イノセラムス・ヒゴエンシス　6 コリフォドン類の下顎（成体）　7 トリゴニオイデス・アマクセンシス　8 プテロトリゴニア・オガワイ。御所浦から多産するトリゴニアの一種　9 アマクサゴショウラムカシウオ（アマクサイクチス・ゴショウラエンシス）。白亜紀後期の大型の魚化石。複数の個体の化石を基に全身がわかるよう復元した

（画像提供　天草市立御所浦恐竜の島博物館）

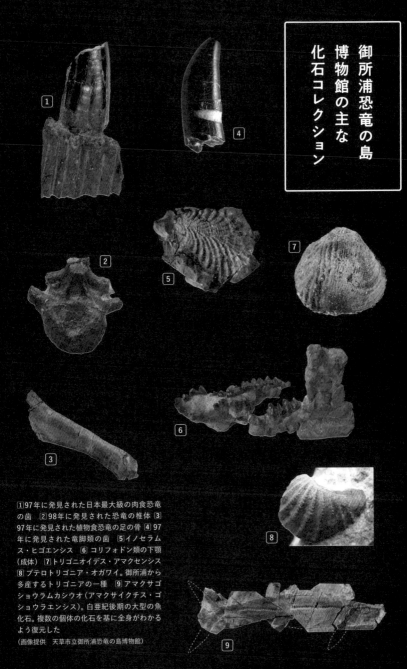

恐竜だけじゃない御所浦の多種多様な化石

御所浦から発見される化石は恐竜だけではありません。

実は御所浦は100年ほど前から、三角貝（トリゴニア）と呼ばれる、中生代の海で栄えた二枚貝の化石などがよく見つかることで知られていました。現在でもよく見つかっていて、恐竜の島博物館の近くにある「トリゴニア砂岩化石採集場」で発掘体験が行われています。

大型の二枚貝であるイノセラムスも発見されています。ここで見つかったイノセラムスには「イノセラムス・アマクセンシス」というものがありますが、これは、天草にちなんだ名前です。さらにアンモナイトやサメの歯が発見されることもあります。

アンモナイトといえば、マップにアンモナイトの絵がちらほら描かれていることにお気づきでしょうか？　御所浦はアンモナイトの多産地でもあり、御所浦島の北西にある牧島には「アンモナイト館」と呼ばれる施設もあります。建物はとても小さいですが、この中に展示されている直径約60センチメートルの「ユーパキディスカス」と呼ばれる姫浦層群のアンモナイトをぜひ見てください！　およそ8500万年前の地層に入ったままの状態で展示されています。その昔、ここは海岸で、アンモナイトの横を歩いて通ることができたとか。クリーニングされたアンモナイトもいいですが、地層に残され

アンモナイト館と、アンモナイト館に展示されているユーパキディスカス
（画像提供　天草市立御所浦恐竜の島博物館）

たものを眺めて自然の中にあるアンモナイトの情景に想いを馳せるのもいいものです。御所浦島と牧島は中瀬戸橋でつながっているため、車やレンタサイクルで移動が可能です。

姫浦層群からは「ポリプチコセラス」と呼ばれるクリップのような形をしたアンモナイトが、御所浦層群からは棘のある巻きのほどけた「アニソセラス」と呼ばれるアンモナイトが発見されています。

恐竜時代が終わった後の新生代古第三紀の化石も、弥勒層群《みろくそうぐん》と呼ばれる地層からたくさん見つかっています。先ほどの牧島の弥勒層群からは、コリフォドン類の顎や頭骨などの化石が発見されました。コリフォドン類は、汎歯目と呼ばれる絶滅した大型哺乳類のひとつです。

御所浦の西にある竹島の弥勒層群からは、原始的なバク類の化石が見つかっています。これは奇蹄類（ウマやサイなどの仲間）では日本最古のものとされます。さらに竹島には「ヌムリテス」も発見されています。ヌムリテスは貨幣石《かへいせき》とも呼ばれ、文字通り貨幣（コイン）のような形をした有孔虫の仲間です。有孔虫の中でも非常に大型で、単細胞生物でありながら直径が10センチメートルに達するものも海外から知られています。ヌムリテスは古第三紀暁新世から漸新世の暖かい海に生息していました。有性生殖を行う「微球型」と、無性生殖を行う「顕球型」の世代を繰り返す有孔虫で、前者は大きな円盤形になるまで成長し、後者は直径1センチメートル程度のものが多くなります。この化石は世界中で発見されており、ピラミッドやスフィンクスの石材として使われた石灰岩の中からも発見されるほどです。

様々な時代の多様な化石が島全体でみられる御所浦、まさに「島まるごと化石博物館」の呼び名にふさわしい、自然と博物館学が融合した場所といえるでしょう。

オープンした恐竜の島博物館の館内（画像提供　天草市立御所浦恐竜の島博物館）

①《コラム》

日本の恐竜研究の聖地

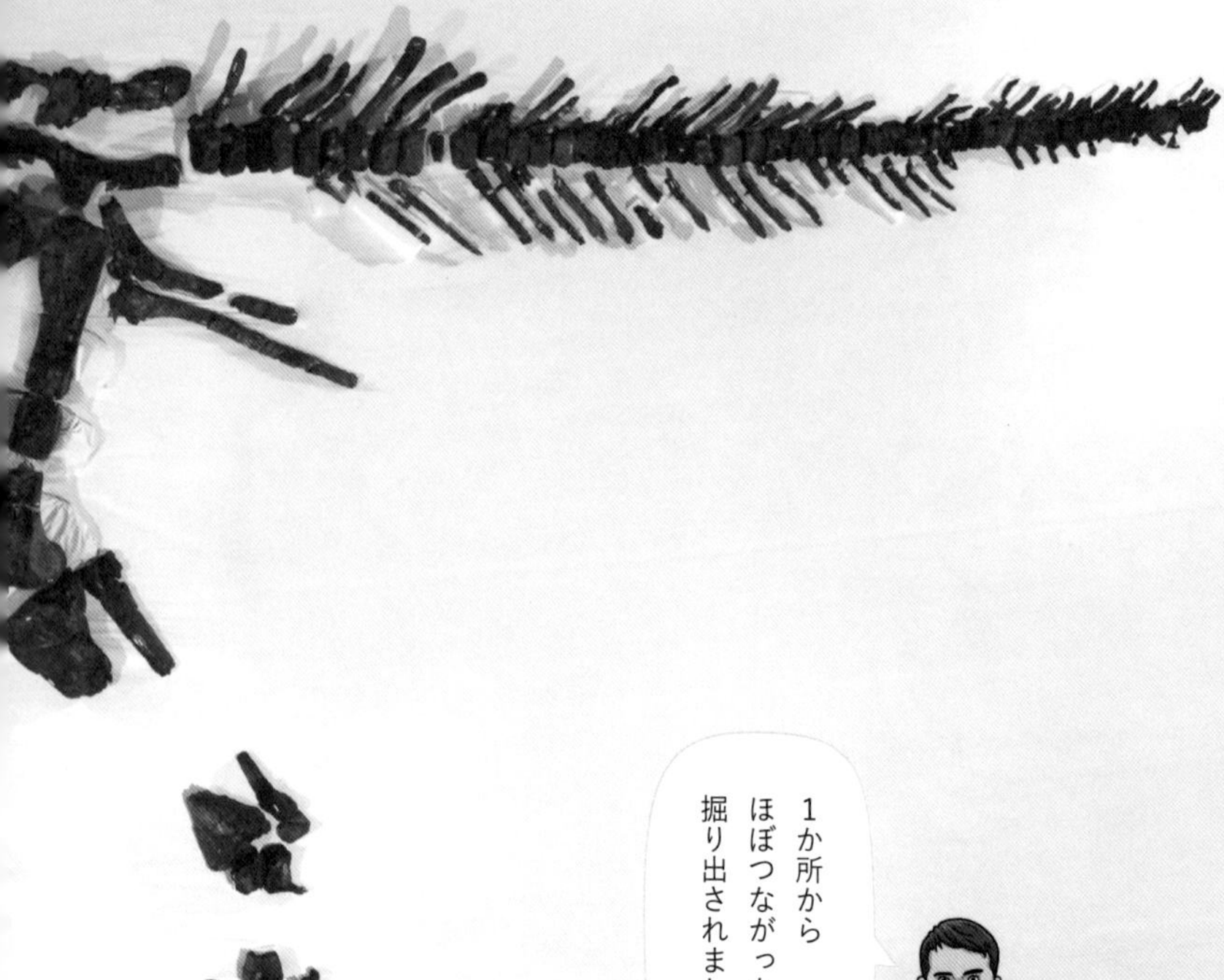

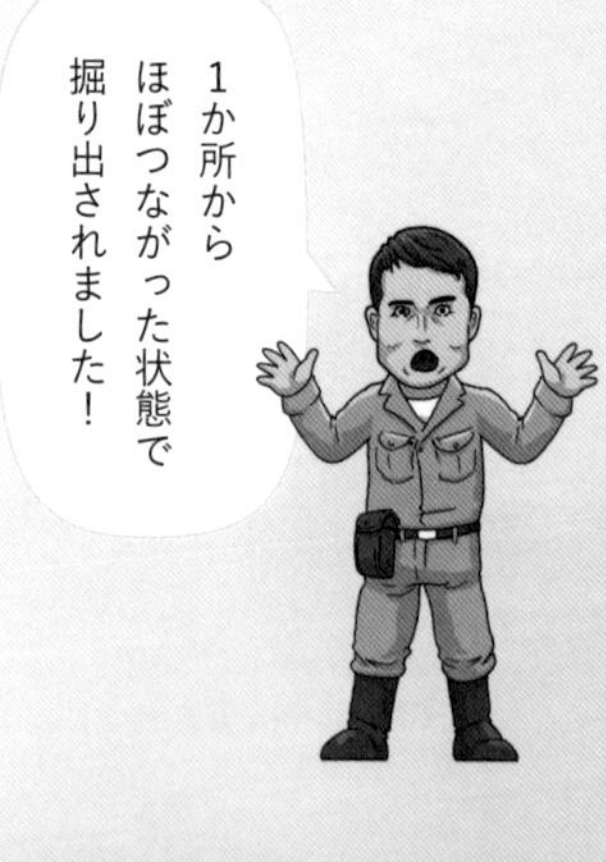
1か所から
ほぼつながった状態で
掘り出されました!

むかわ町穂別博物館

カムイサウルス

画像提供　むかわ町穂別博物館

日本が誇る化石産地の博物館を3か所巡ってきましたが、楽しんでいただけましたか？　自分の住んでいる国にこんなにも豊富な化石産地があること、しかも恐竜もザクザク発掘されていることに、驚かれたのではないでしょうか。

しかし、日本にはほかにも忘れてはならない重要な化石産地があります。

それはズバリ……北海道です！

白亜紀後期に主に海で堆積した蝦夷《えぞ》層群《そうぐん》が分布する北海道は、世界的なアンモナイト産地として有名で、ほかにもモササウルス類や首長竜といった海棲爬虫類など、たくさんの化石が見つかっています。

そして、全身のおよそ8割の骨が発見され話題を呼んだあの恐竜も、ここ北海道で発見されました。その名も、カムイサウルス・ジャポニクス。ここでは、「日本の神の竜」と名付けられたこの奇跡の恐竜と、化石産地としての北海道についてご紹介しましょう。

はじまりは首長竜

カムイサウルスがいるのは、カムイサウルス発見の地、北海道むかわ町にある〈むかわ町穂別博物館〉です。

1982年に開館したこの博物館は、地元の化石ハンター・荒木新太郎さんによって発見された首長竜「ホベツアラキリュウ」の化石をこの地に残す目的で建てられました。

穂別地域には中生代白亜紀後期にあたる約1億年前〜7000万年前の地層が分布し、ホベツアラキリュウのほかにもポリコティルス科の首長竜や、同じ海の爬虫類であるモササウルス類、さらにアンモナイトや二枚貝のイノセラムスなど、多種多様な化石が見つかっています。ちなみに、ホベツアラキリュウは首長竜の名に恥じない長〜い首をもつ首長竜ですが、ポリコティルス科は「首の短い首長竜」と呼ばれるように、ホベツアラキリュウとは見た目のまったく異なる、首が詰まった首長竜。白亜紀の北海道の海には、長短の首をもつ2種（以上？）の首長竜が暮らしていたようです。また、穂別地域には中生代の次の時代である新生代の地層も分布しており、この時代のクジラやイルカ、束ねた柱のような形の不思議な歯をもつ謎の絶滅哺乳類、デスモスチルスの化石なども産出します。

穂別博物館の展示物は、主にこれらの地元産の化石で構成され、この地域の海にかつて広がっていた豊かな生態系を、肌で感じることができます。

「奇跡の恐竜」発見秘話

海棲生物化石の宝庫であるそんな地層から、のちの大発見につながる骨の一部が発見されたのは、今からおよそ20年前、2003年のことです。

アンモナイトなどがよく見つかる沢沿いの崖の中腹に埋まっていたその骨は、当時の穂別町立博物館（2006年、旧穂別町と鵡川町の合併に伴い新たにむかわ町が誕生したことに合わせ、現在の名称に変更）に寄贈されましたが、いかんせん海の地層から見つかった骨。当時、それはよく産出していた首長竜の尾椎骨と判断され、クリーニング作業はほかの重要な化石に優先順位を譲る形で、後回しにされていました。

事態が大きく動いたのは2011年。ようやくクリーニング作業が進められると、首長竜のものと思われていた尾椎骨に、植物食恐竜ハドロサウルス科のものを示す特徴が見いだされたのです！

しかも寄贈された部分は尻尾の中間から後ろにあたる13個の骨が連結したものだったため、地層の中に体の骨も埋まっている可能性が高いことがわかりました。なぜなら、見つかったのは海の地層であり、もし陸地で息絶えたあと雨風で海まで運ばれ、さらに波に流されたのであれば、骨がつながって見つかることは考えにくいからです。

どうやらこの恐竜は、海岸線近くに生息し、死後すぐに沈んで埋没すると、波の影響を受けない深い場所で化石化したものと思われました。そして、そこには当然、流されていない体の多くがつながった状態で残されているはずだと考えられたのです。

それはまさに、神の竜だった

「むかわ竜」の愛称がつけられたこの恐竜化石は、2013年から本格的な発掘が進められ、最終的には8割に及ぶ全身骨格が揃っていることがわかりました。そして発掘された骨を並べて見えてきたのは、全長およそ8メートルの巨体！　2019年には晴れて、新属新種のハドロサウルス科の恐竜として、「カムイ（＝神）サウルス（＝竜）」という学名が与えられましたが、これほどの奇跡の恐竜ですから、これ以上ふさわしい名前はありませんね！

むかわ町穂別博物館では現在、このカムイサウルスの実物化石の一部を展示しています。将来的には全身の実物化石を展示する計画もあるとの噂なので、続報を楽しみに待ちたいですね。

おっと！
こちらにいるのは
神の竜ならぬ
「伝説の竜」!?

北海道大学総合博物館

ニッポノサウルス

画像提供　北海道大学総合博物館

北海道には、伝説の恐竜もいます。「ニッポノサウルス」。日本人によって初めて発掘・研究・命名された、ニッポンの名を冠した記念すべき恐竜です。

その貴重なタイプ標本〈新種の基準となる標本〉が収められているのは、〈北海道大学総合博物館〉。実物化石は収蔵庫に保管されていますが、展示室にはこの実物化石から型取りをして組み立てられたレプリカの復元骨格が展示されており、いつでも私たちを出迎えてくれます。

恐竜研究の聖地

ニッポノサウルスは、厳密にいえば、現在の日本の領土から見つかった恐竜ではありません。1934年、北海道帝国大学の長尾巧教授が、当時日本領だったサハリンで発見しました。

その後、本格的な発掘が行われ、1936年に「ニッポノサウルス」と命名。一部の骨ではなく、最終的には全身骨格の6割が揃うという非常に完成度の高い恐竜化石であったことも、この標本の特筆すべき特徴のひとつでしょう。現在では、「日本で初めて見つかった恐竜」という紹介は難しくなりましたが、日本人による恐竜研究の幕開けを飾った、重要かつ貴重な標本であることに変わりはありません。

そして、その研究の舞台が北海道大学であったということも、何か特別な縁を感じてしまいますね。北大といえば、現在ここで恐竜研究を引っ張っているのが、何を隠そう、カムイサウルスの発掘・研究を先導し、その名付け親となった小林快次教授。北海道は、昔も今も、日本の恐竜研究を語る上で欠かせない場所なのです!

受け継がれる研究

ニッポノサウルスの復元骨格は2000年に作られ、その後、2016年に復元が見直されて、現在はより正確な復元骨格として展示されています。

伝説の恐竜は記載から90年近く経つ今も、役目を終えた「過去の化石」ではなく、現在進行形で研究が続けられています。

紹介したのはこちら

むかわ町穂別博物館

カムイサウルスやホベツアラキリュウなどの目玉展示のほか、この地域から産出したアンモナイトの展示も充実しています。

HP http://www.town.mukawa.lg.jp/1908.htm

北海道大学総合博物館

北海道大学の構内に建てられた総合博物館。かつて理学部本館として使われていた校舎を利用した歴史ある建物も魅力。誰でも無料で観覧することができます。

HP https://www.museum.hokudai.ac.jp/

2章 日本が誇るすごい化石

三笠市立博物館 圧倒的アンモナイト

日本最大級の標本
直径：約1.3m
重量：約580kg

パキデスモセラス属の一種　*Pachydesmoceras* sp.

訪れたのはこちら

三笠市立博物館

世界有数のアンモナイト産地にある博物館です。
600点のアンモナイトコレクションは圧巻。

HP　https://www.city.mikasa.hokkaido.jp/museum/

建物天井を突き破って2体の海棲爬虫類が迎えてくれるここは……

北海道三笠市にある三笠市立博物館、別名「化石の博物館」です。

さっそく、化石が展示された「展示室1」に入ってみましょう。

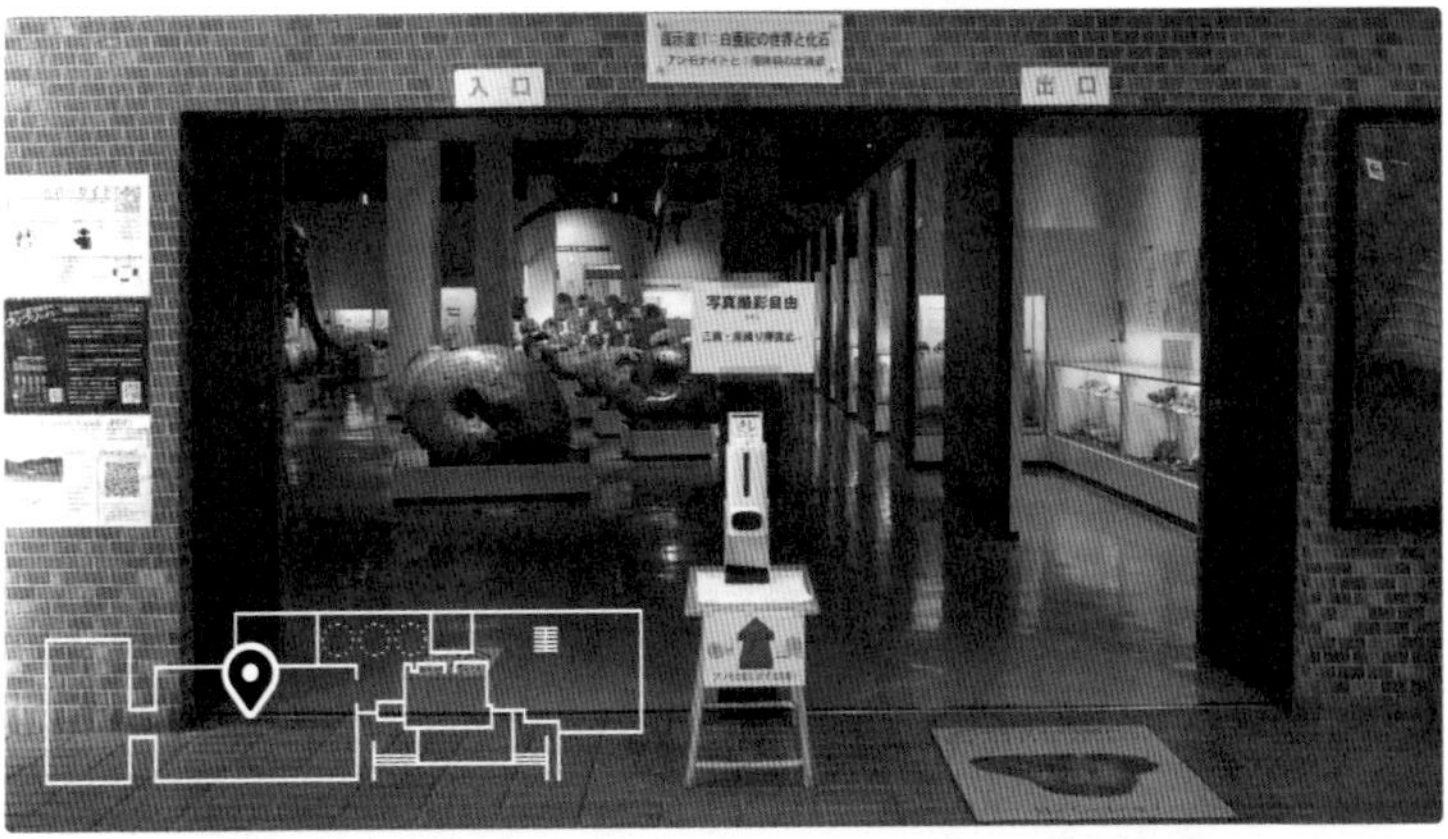
入口
出口
写真撮影自由

アンモナイトなどの化石は、建物入り口左手の「展示室1」にあります。

見てください！
一面のアンモナイト!!

ようこそ！白亜紀の海へ

1億年前の白亜紀の海をイメージしたというブルーを基調とした展示室内には、北海道産のアンモナイトを中心に1000点以上の化石が展示されています。しかもケースに入っていない展示物は、一部を除いて触ってOK！

目の前にはところせましと並べられた大型アンモナイト群。壁に目をやればアンモナイトの進化の歴史が図解で示され、さらには世界最大のアンモナイトの実物大イメージ模型も置かれているではありませんか！　もうこれだけでお

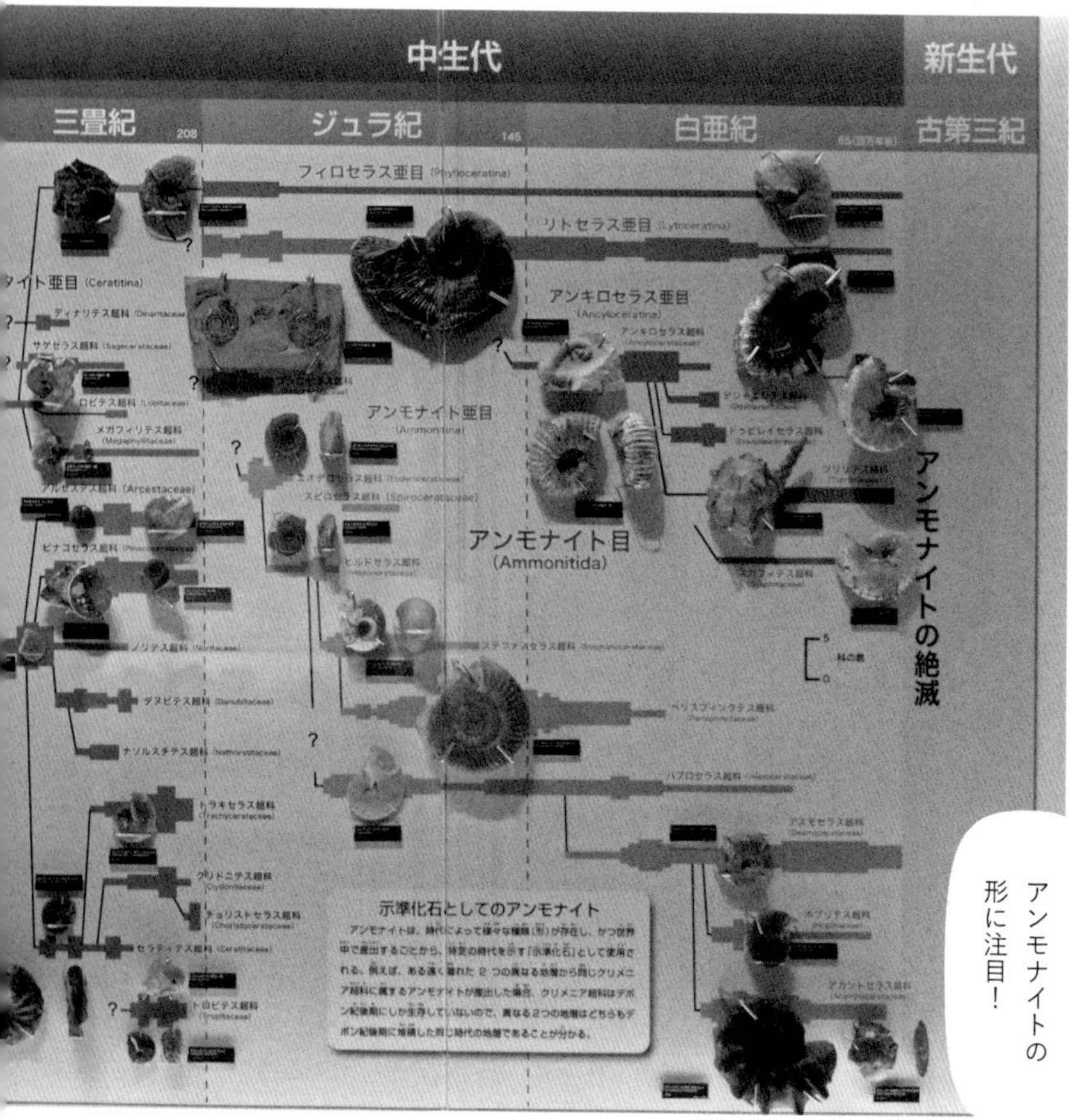

アンモナイトの形に注目！

なか一杯ですが、まずは気持ちを落ち着かせて、順を追って見ていきますよ。

ワタシの背丈よりはるかに大きいです。

ドイツで発見された世界最大のアンモナイトの実物大イメージ模型。なんと直径2・5メートル! 三笠市立博物館の唐沢與希学芸員と。

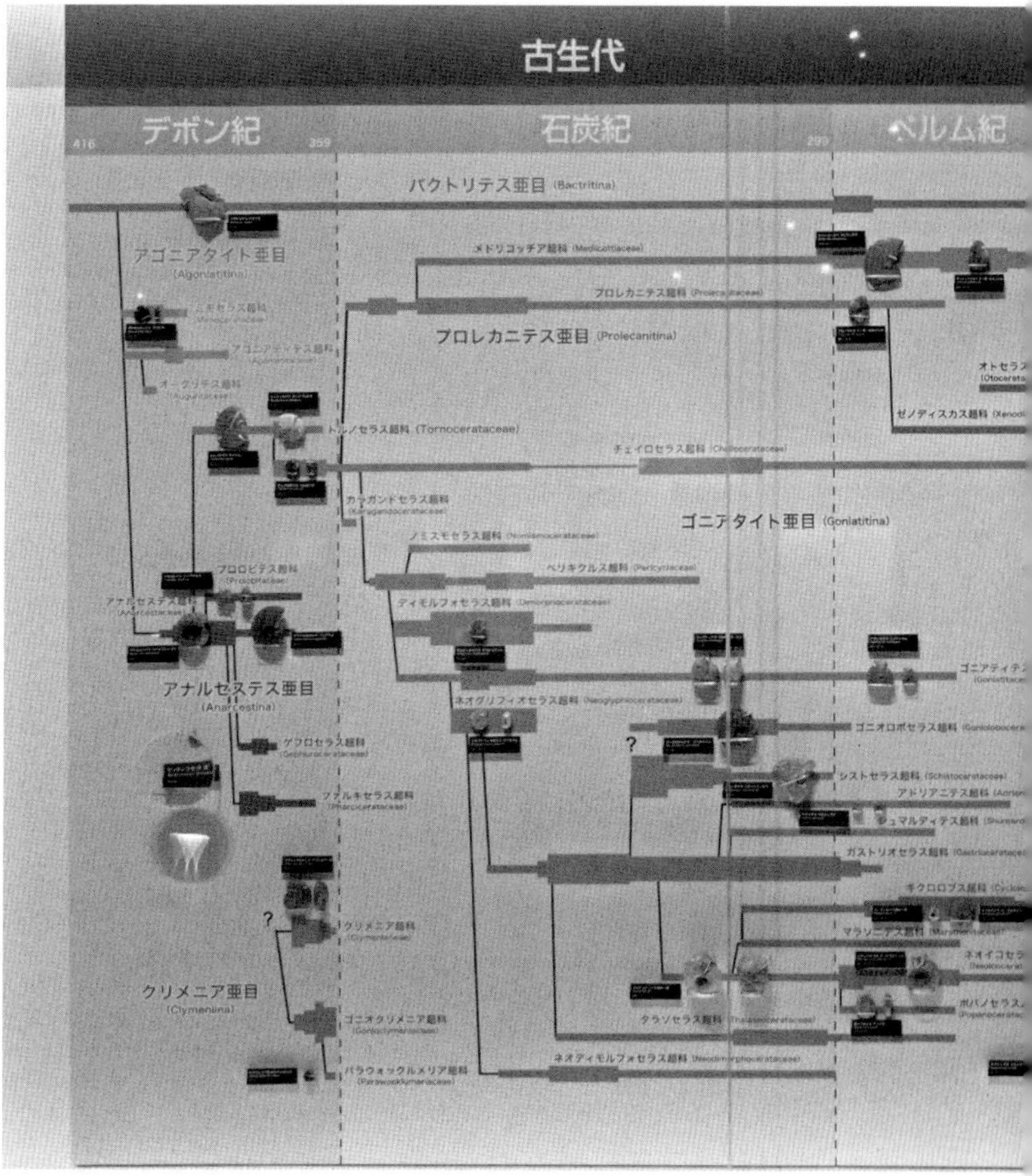

アンモナイトの進化を示した壁の展示。中生代から一気に多様化したことがひと目でわかる。すべて実物化石で構成されているのも見逃せない。

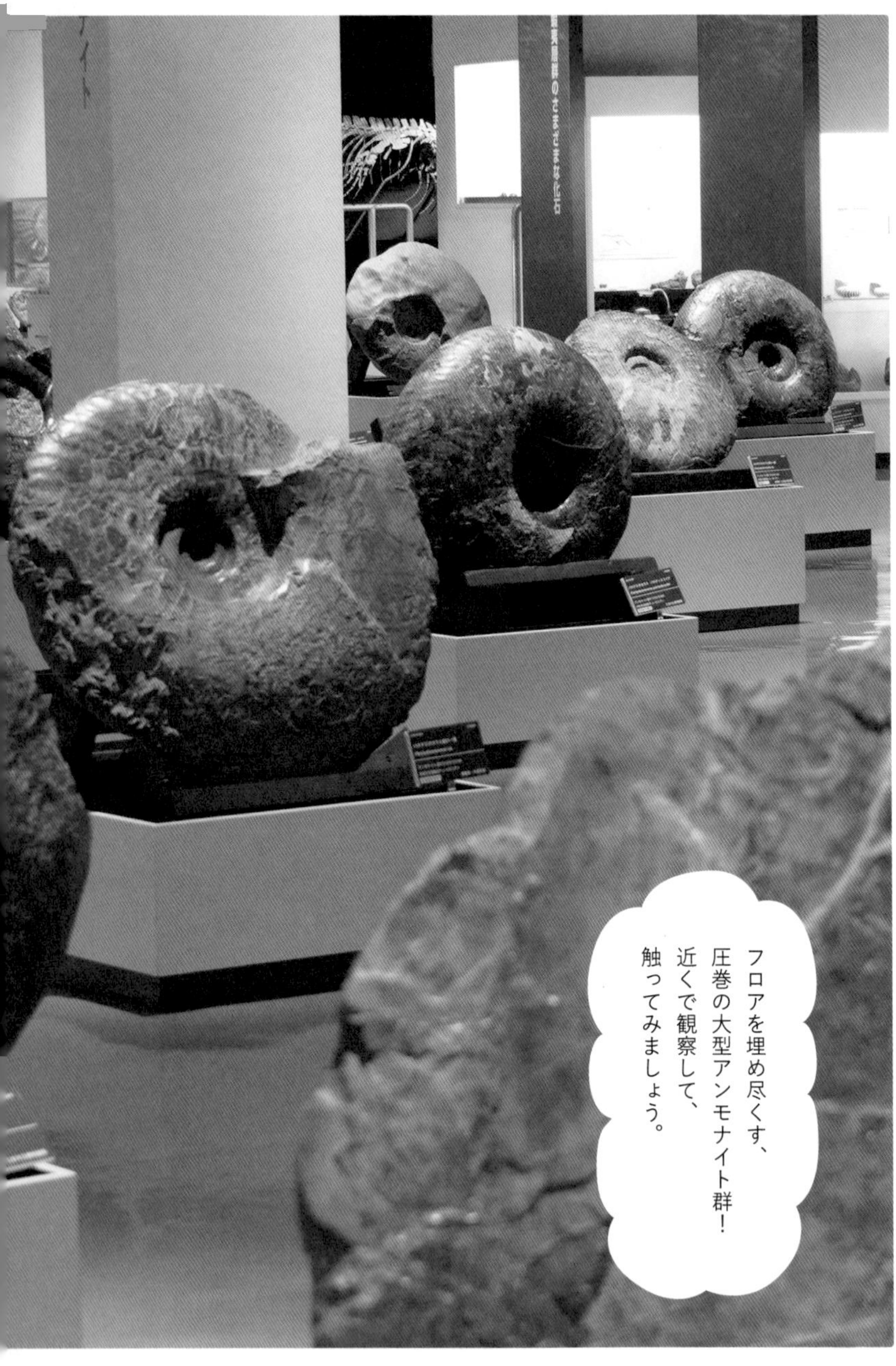
フロアを埋め尽くす、
圧巻の大型アンモナイト群！
近くで観察して、
触ってみましょう。

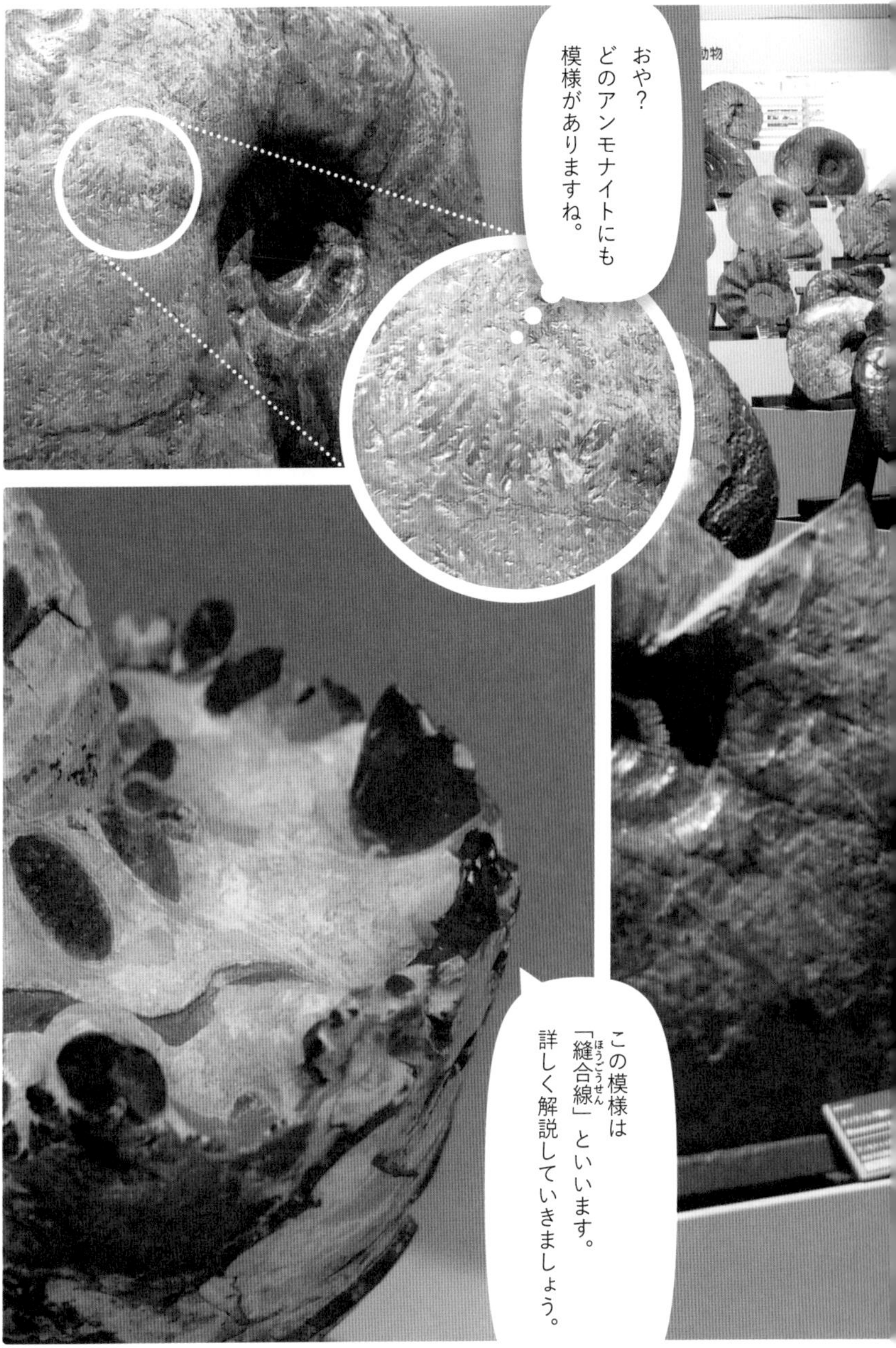
おや？どのアンモナイトにも模様がありますね。
この模様は「縫合線《ほうごうせん》」といいます。詳しく解説していきましょう。

アンモナイトってなに？

アンモナイトは「頭足類《とうそくるい》」と呼ばれるイカやタコの仲間です。殻をもつ頭足類は現在では少ないですが、アオイガイのようにメスが卵を保護するために殻を作り出す例などがあります。ちなみに狭い意味での「アンモナイト類」という言葉は、中生代三畳紀から白亜紀に生息し、恐竜とともに絶滅した頭足類の一グループを指します。代表的な種をひとつ挙げるなら、アナゴードリセラスでしょう。典型的な螺旋《らせん》状の殻をもつアンモナイトですね。北海道では蝦夷《えぞ》層群《そうぐん》から、白亜紀中頃〜末期にかけてのアナゴードリセラスが多く見つかっています。

ところで中生代の前、古生代にもアンモナイトの仲間がいました。ペルム紀〜三畳紀に生息していたものにはセラタイト類、さらにその前のデボン紀〜ペルム紀にかけて生息していたものにはゴニアタイト類などがいます。

さて、アンモナイトといえば何ですか？　そうです、螺旋状の殻です！

この殻は種ごとに個性があり、巻き方や断面の形などの違いで分類が行われます。現在、アンモナイトは1万種以上が知られているんですよ！

殻は外側に向かって徐々に大きく成長するため、初期にできた中央部分は凹んでいます。この凹みは「へそ」と呼ばれます。また、殻の表面に何やら模様があることに気づきましたか？　これは「縫合線」と呼ばれるもので、内部にある隔壁（仕切り板）の接合部が、殻の表面が削れたことで表に出てきたもの。

縫合線は時代が下るごとに細かな模様を描く傾向にあり、一説によると、隔壁を複雑化させることで殻の強度を上げていたようです。

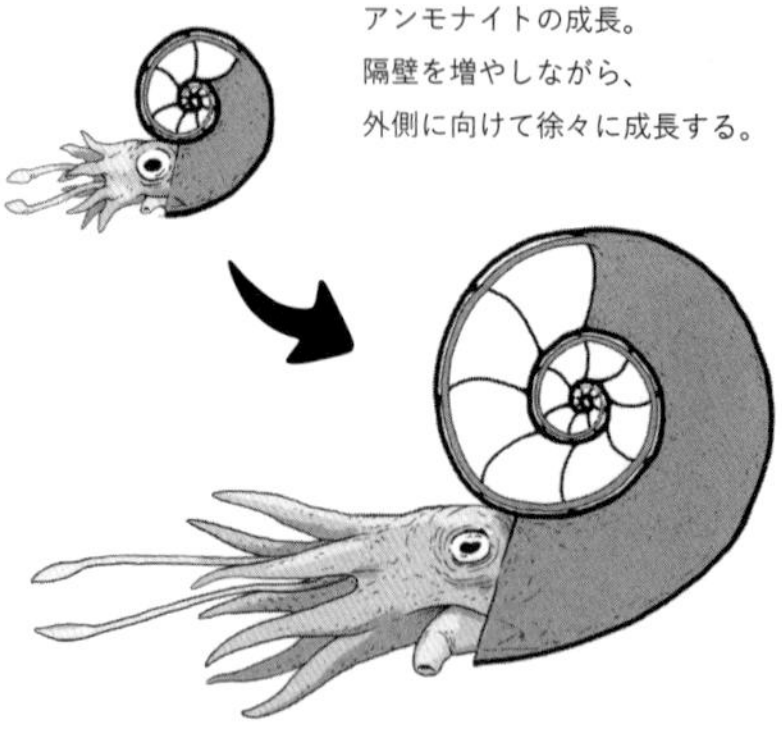

アンモナイトの成長。
隔壁を増やしながら、
外側に向けて徐々に成長する。

異常ではない「異常巻アンモナイト」

北海道で発見されるアンモナイトの中でも特徴的な形をしているのが「ニッポニテス」です。

ニッポニテスとはすなわち「日本の石」。名実ともに日本を代表する化石で、日本古生物学会のシンボルマークにもなっています。

このニッポニテス、何が特徴的かというと、殻の巻きが不規則（に見える）ということ。螺旋を描く、いわゆる一般的な巻き方のアンモナイトに対し、殻が螺旋を描かないこのようなアンモナイトは「異常巻」と呼ばれるようになりました。

しかし1980年代にコンピュータによるシミュレーションを使った研究が行われ、この巻き方には数式で再現できるほどの規則性があることがわかったのです。つまり、「異常」ではなかったのですね。この姿で一体どのように海中で暮らしていたのか？　気になるところですが、この疑問は現在、殻の3Dスキャンデータを解析したり、3Dプリンタで再現したもので実際に実験を行ったりと、精力的に研究が進められています。

異常巻アンモナイトにはほかにも、サザエのような形のハイポツリリテスや、クリップのような形のポリプチコセラスなどが知られています。2019年には日本古生物学会によるクラウドファンディングで、各地の異常巻アンモナイトを3Dスキャンするプロジェクトが行われ、現在は公式サイトで3Dモデルを見ることができます。*

左からニッポニテス、ハイポツリリテス、ポリプチコセラス

＊異常巻アンモナイト3D化石図鑑（https://www.palaeo-soc-japan.jp/3d-ammonoids/）

正常巻と異常巻

眼前に広がる巨大アンモナイト群の景色についつい気を取られてしまいますが、展示室内の壁際に設置されたケースの中にもたくさんのアンモナイトが展示されています。

およそ1000点の化石展示のうち、なんと600点(約190種)がアンモナイトなのです。

ここに並んでいるのはアンモナイトの代表格、アナゴードリセラス。
アンモナイトといえば！という形ですね。

ウワサのニッポニテスも！
アナゴードリセラスと
殻の巻き方を
比べてみましょう。

ニッポニテスのような異常巻アンモナイトは、特に白亜紀にたくさん現れました。

どんなふうに泳いでいたのか、想像するだけでワクワクしますよね。

アンモナイト以外にも、蝦夷層群で見つかった二枚貝なども展示されています。

イノセラムス

なぜ北海道にアンモナイトが多いのか

北海道は日本で最も多くのアンモナイト化石を産出する場所です。そしてその多くは、三笠を中心とした北海道の中軸に集中しています。その理由は、北海道の地質と地球の歴史にあります。

カギとなるのは、北海道を南北に貫く蝦夷層群。約1億2000万年前~7000万年前に海で堆積した地層です。

北海道はかつて東西に分かれていました。西の部分はユーラシア大陸の端にくっついており、東の部分ははるか遠方にあったと考えられています。そして西の部分が面していた海にはアンモナイトを含む海の生物が暮らしていました。

その後、東部分が大陸の端と合体し、その間にあった地層が押し上げられ、蝦夷層群が作られました。蝦夷層群にはかつて東西に分かれていた頃の海の生物の化石がたくさん含まれています。その多くは水深200メートルよりも浅い、大陸棚のような環境で暮らしていたようです。このため蝦夷層群からは数多くの良質なアンモナイト化石が見つかるだけでなく、イノセラムス(二枚貝)や、巻貝、甲殻類、魚類など様々な海の生物が発見されます。

これらの化石も同じ展示室内に置かれているのでぜひチェックしてみてください。また蝦夷層群から発見されたアンモナイトだけを分類ごとに並べたコーナーもおすすめです。

蝦夷層群の成り立ち。ユーラシア大陸の端の一部とその向かいの陸地が合体し、間にあったアンモナイトなどを含む海の地層が押し上げられたと考えられている。地図内の濃いグレーのところが蝦夷層群の分布域。

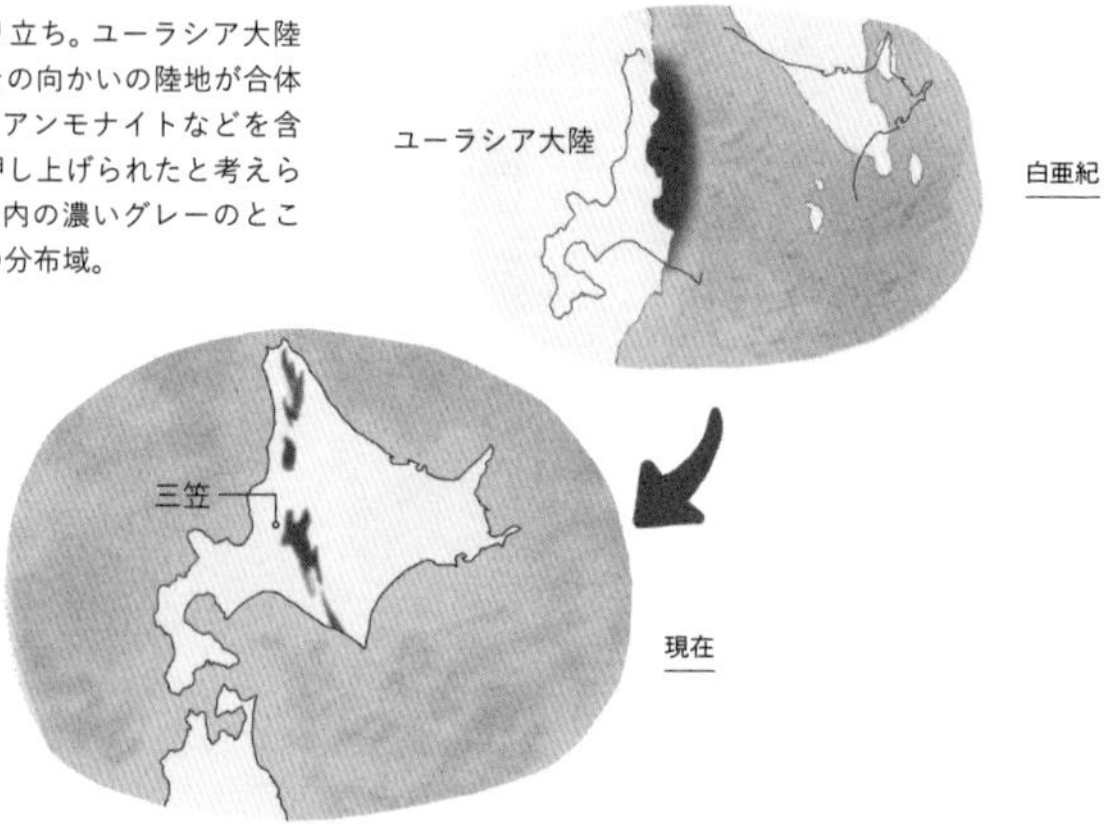

エゾミカサリュウの正体

蝦夷層群からはアンモナイトや二枚貝だけでなく、大型の脊椎動物の化石も産出します。特に、モササウルスの仲間である「タニファサウルス」は、この地を代表する化石として有名です。ちなみに、映画『ジュラシック・ワールド』シリーズにも登場するモササウルスですが、モササウルスは恐竜ではありません。後期白亜紀に生息していた海棲爬虫類です。

ところがこのタニファサウルス、かつて恐竜と認識されていたことがありました。「エゾミカサリュウ」という愛称がつけられ、あのティラノサウルスの仲間と考えられていた時期があったのです。何を隠そう、私が子供の頃に見ていた図鑑にも、肉食恐竜のような姿で描かれていました。

この勘違いは、なぜ起こったのでしょう。１９７６年に発見されたエゾミカサリュウの頭骨は完全な状態ではなく、頭の後ろと口先が大きく欠落していました。そしてその丸っこい頭には鋭い歯が残っていたのです。その特徴は、まさに肉食恐竜を思わせるものだったというわけです。

ですがその後の調査で、歯に肉食恐竜の特徴であるセレーション（ステーキナイフのようなギザギザ）がないことなどが判明し、またほかの地域の化石の研究なども進んだ結果、この頭骨は肉食恐竜ではなく、海棲爬虫類モササウルスの仲間のものであることがわかりました。

そんな蝦夷層群ですが、近年では恐竜の化石も見つかっています。テリジノサウルスの仲間や、コラム①（62ページ）で紹介したカムイサウルスなどが有名です。

北海道の地質、その魅力

北海道の魅力は化石だけではありません。非常に特徴的な地質が数多くあります。

火山ガスがあちこちから噴き出す弟《て》子屈《しかが》の硫黄山、ヨードを勢いよく排出する十勝の晩成《ばんせい》温泉、濛々と噴煙を上げる雌《め》阿《あ》寒岳《かんだけ》などなど。

北海道を訪れた際にはぜひ、三笠市立博物館を中心に、地球の歴史が刻み込まれた北海道を堪能してください。

タニファサウルス（エゾミカサリュウ）の頭骨。
当初、ティラノサウルス類と思われたが、
その正体は口先と後頭部が欠けたモササウルスの仲間のものだった。

丸い吻部《ふんぶ》、尖った歯。
ティラノサウルスの
仲間に見えますね！

タニファサウルスの復元模型。口の中までリアルに再現されている。

タニファサウルスの頭骨の近くにはモササウルス類の全身骨格が、
さらに後ろを振り返ると肉食恐竜アロサウルスの全身骨格（次ページ）が展示されているので、見比べてみてください。
Platecarpus tympaniticus COPE 1869

アロサウルス・フラジリス
9 恐竜
恐竜の定義
祖先

アロサウルスの全身復元骨格。

山形のヒーロー

山形県立博物館

ヤマガタダイカイギュウ *Dusisiren dewana*

訪れたのはこちら

山形県立博物館

東北地方で最初に設立された県立博物館。山形県の自然や歴史、文化に関する展示が楽しめます。

HP https://www.yamagata-museum.jp/

山形県立博物館は山形駅のすぐ近く、かつて山形城が建っていた城跡に建設された博物館です。日本列島が形成された数千万年前から近代の暮らしに至るまで、山形の地質と長い歴史が学べます。

建物入り口前には、気になるモニュメントが……

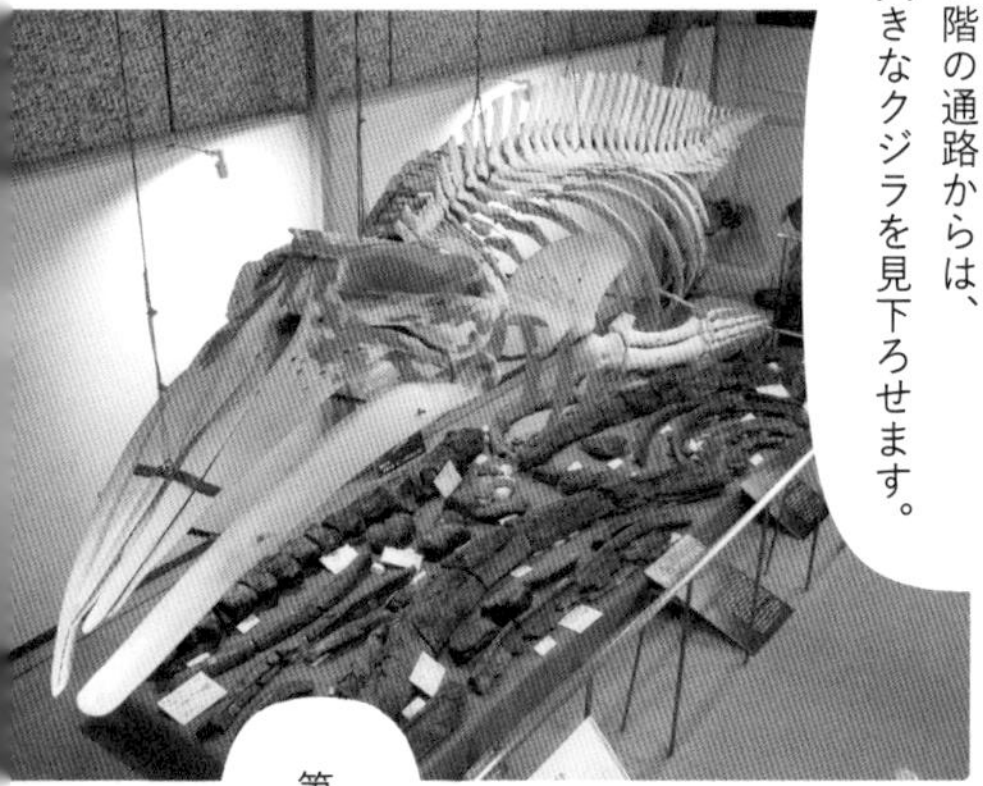

第1展示室へ向かう2階の通路からは、大きなクジラを見下ろせます。

化石が展示されているのは、2階の第1展示室です。

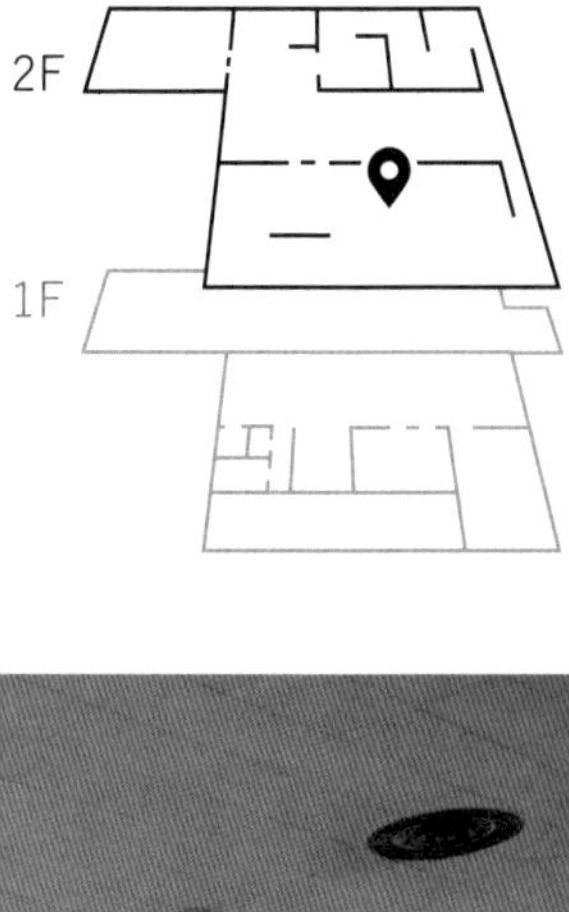

第1展示室、到着。

目が合いました。

カイギュウ類の進化

　第1展示室に入ってすぐのところにドドンと展示されているのが、山形が誇るヒーロー、「ヤマガタダイカイギュウ」です。

　約900万年前（新生代新第三紀後期中新世）の海に生息していた大型の海棲哺乳類で、カイギュウ類に分類され、全長は約3・8メートルあります。1978年に二人の小学生が、山形県の大江町にある最上川の河床から発見したという、地元で有名な化石。現在、県の天然記念物、そして「県の石」にも指定されています。

　ところでこの「県の石」。この本にたびたび登場するのですが、何のことかご存じですか？

　では、まずそこからお話ししましょう。「県の石」とは、日本地質学会が2016年に選定した日本全国47都道府県を特徴付ける「鉱物」、「岩石」そして「化石」のセットのことで……、やはり話が少し長くなりそうなので、詳細は後ほどリストとともにご説明するとして（100ページ参照）、とにかく皆さんが住んでいるどの都道府県にも必ず「県の石」が存在します！

　なぜヤマガタダイカイギュウがその「県の石」に選ばれたのか？　それは、新種のカイギュウ類化石であるとともに、カイギュウ類の進化の系統を教えてくれる貴重な化石であるからです。

祖先であるジョルダンカイギュウと、ヤマガタダイカイギュウ、そしてステラーカイギュウの歯と前肢の比較

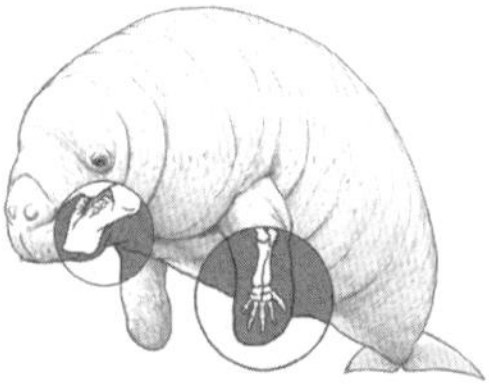

ジョルダンカイギュウ

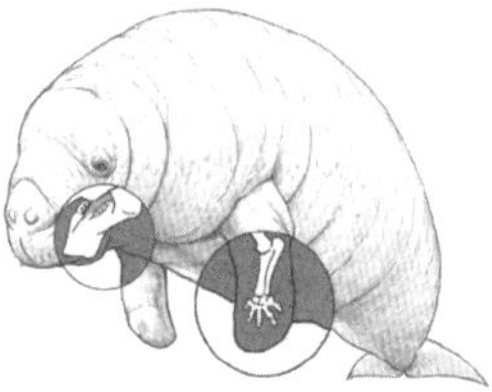

ヤマガタダイカイギュウ

ステラーカイギュウ

歯も指もだんだんなくなっていくのがわかりますね。

カイギュウ類は哺乳類の仲間で、現生のマナティーなども含まれます。

　このグループのご先祖様は、ジョルダンカイギュウと呼ばれるものでした。さらにカイギュウと聞いてもうひとつ思い出すのはステラーカイギュウです。こちらは新生代第四紀に出現したのち、北西太平洋を中心に18世紀頃まで生息しており、人間の乱獲によって絶滅してしまったとされる種です。全長は10メートル近くあったといわれています。

　さて、ジョルダンカイギュウには歯や前肢の指の骨があるのに対し、最近まで生きていたステラーカイギュウには歯がなく、前肢の指の骨も完全になくなっていました。これらの変化がいつ頃起こったのかは謎のままでしたが、ヤマガタダイカイギュウは「ジョルダンカイギュウより歯が縮小した」こと、そして「前肢の指がなくなりかけている」といった特徴がこの中間の姿であると考えられ、カイギュウ類の進化の研究が大きく進んだのです。

陸や海に進出した テティス獣類

ヤマガタダイカイギュウが生きていた時代、寒冷化によってマナティーやジュゴンの仲間などは生息域を狭めていましたが、ヤマガタダイカイギュウは大型化することで寒い環境にも適応していたと考えられています。また一方で、歯と指の骨は消失していくという独自の進化を遂げたようです。

　ヤマガタダイカイギュウは、テティス獣類《じゅうるい》（あるいはテチテリア *Tethytheria*）というグループに含まれます。これは新生代のはじめ頃まで存在していた「テチス海」に由来した名で、テチス海の周辺に生きていた初期のテティス獣類が、その後、陸域や水域へと広がっていったと考えられています。テチス海は現在の地中海から中央アジア、東南アジア付近にまで広がっていました。テティス獣類にはゾウの仲間や束柱類（デスモスチルスやパレオパラドキシア）なども含まれます。

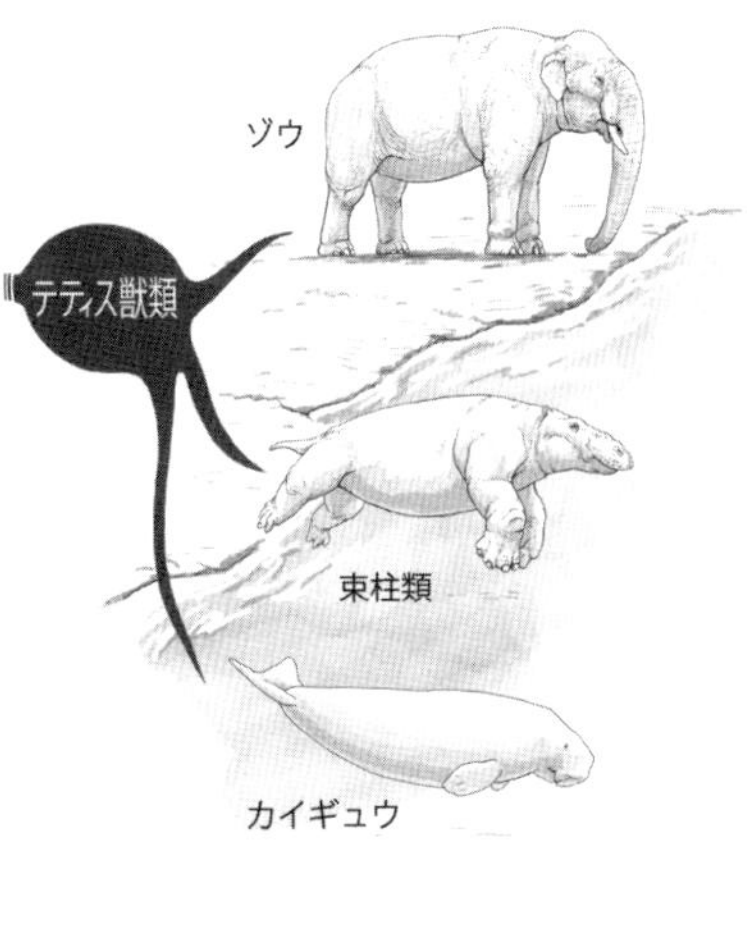

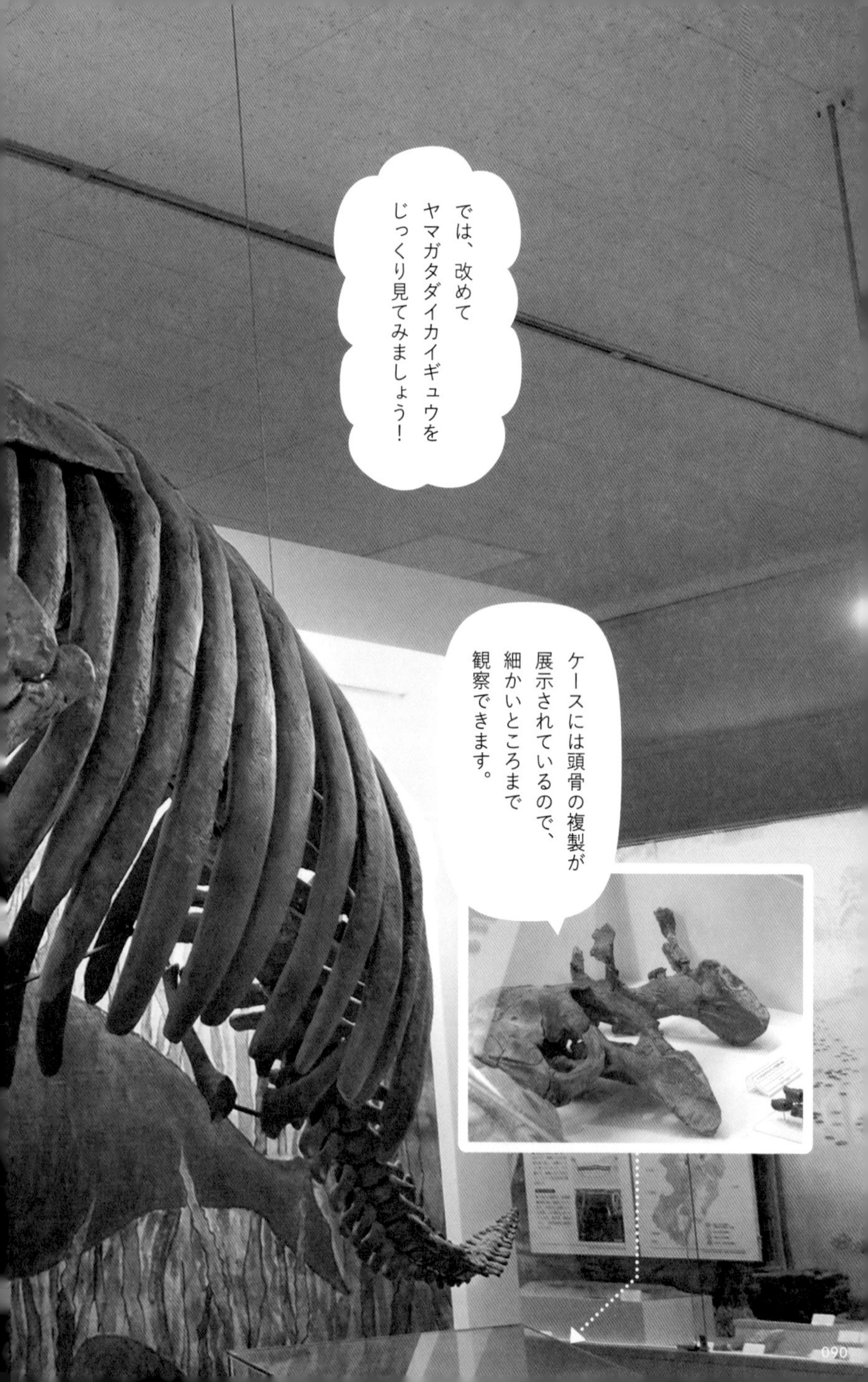
では、改めてヤマガタダイカイギュウをじっくり見てみましょう！
ケースには頭骨の複製が展示されているので、細かいところまで観察できます。

歯は
どうですか……？
前肢の指は……？

発掘現場の様子を残す産状化石

全身復元骨格の下には、もうひとつ重要な化石のレプリカが……
ヤマガタダイカイギュウ

これは化石が発見された状況を再現した「産状化石」と呼ばれるものです。

❶最上川河床の化石発掘現場。❷化石運搬の様子（ともに1978年8月30日撮影）
（画像提供　山形県立博物館）

地域一丸の発掘作業

この化石は、1978年8月21日に大江町にある最上川の河床で二人の小学生が発見しました。その年の夏はとても暑く、渇水によって川を流れる水の量も減り、川底の岩盤が見える場所もあったそうです。しかしそのおかげで、ヤマガタダイカイギュウが埋まっていた地層を発見することができたのです。発見された化石は、山形県立博物館の研究者によって調査されました。当初はクジラの化石だと考えられていたようです。そして大江町の教育委員会の先生方や、石材店の皆さんが協力し、この大型の化石が8月30日に発掘されました。雨が降って川の水位が元に戻ると化石はまた川の中に埋もれてしまうため、作業は大急ぎで進められたそうです（有名な化石の発見には、その地域の研究者やエンジニアが協力して化石の発掘を成し遂げたというエピソードがつきものです）。

その後、山形県立博物館と、アメリカの著名なカイギュウ類研究者との共同研究により、ヤマガタダイカイギュウが新種であることがわかり、その全貌が徐々に明らかになったのです。

展示とレプリカの意義

肋骨をよく見ると、
色が途中から
変わっていますね。

ヤマガタダイカイギュウは
上半身しか見つかっておらず、
見つかっていない部位は
ジョルダンカイギュウを参考に
復元されています。
見つかっている骨と、
復元された骨を区別するため、
色を変えているそうです。

ここには発掘地の
地層の標本（剥ぎ取り標本）も
展示されていますよ。

ちなみに、ここ山形県立博物館に常設展示されているヤマガタダイカイギュウは、骨格レプリカと、発掘現場の状況を再現した産状模型です。

「じゃあ本物はどこ?」ですって?

本物の化石は、研究のために収蔵庫に保管されています。ただし、特別展などで目にする機会もあるかもしれません。

博物館の重要なミッションのひとつに、展示だけでなく、貴重な標本を風化や劣化から守り、次世代へとつなげていくことがあります。そのために精巧なレプリカを作って展示し、本物は温度や湿度が適正に管理された収蔵庫でしっかり守る、ということもしばしば行われます。レプリカは単なる複製品ではないし、「ニセモノ」なんていうのはもってのほか! 化石の形や色合いなどを忠実に再現した、展示物や研究にも十分に使える精度をもったものなのです。

3Dデータ化による最新研究

２０１０年代後半からは、山形県立産業技術短期大学校の協力のもと、ヤマガタダイカイギュウを３Ｄスキャナーで３Ｄデータ化し、さらに詳細な研究を進めるプロジェクトが進められています。

先ほども述べたように、こうした貴重な化石は、本体を保護するために博物館から外に出すことがなかなかできません。しかし３Ｄデータであれば、パソコンやバーチャル空間で閲覧したり、あるいは３Ｄプリンタでレプリカを作ることで誰でも自由に手にとって観察・研究することができます。

こうした研究手法はヤマガタダイカイギュウだけでなく、恐竜や大型哺乳類、さらには微生物の化石などでも広く使われるようになってきました。

なお３Ｄプリントされたヤマガタダイカイギュウの５分の１サイズのレプリカも、同博物館１階の「山形県の石」コーナーに展示されています。

発見場所の大江町では、ヤマガタダイカイギュウをモチーフにしたキャラクター「ぷくちゃん」が活躍中です。また先述した３Ｄモデルに肉付けをすることによって詳細な実物大の復元模型も作られています。

ずっと昔に滅んだ生物の情報がこのように復元され、地域活性に活用されているのです。

博物館はまさに過去と現在をつなぐハブのような施設といえるでしょう。

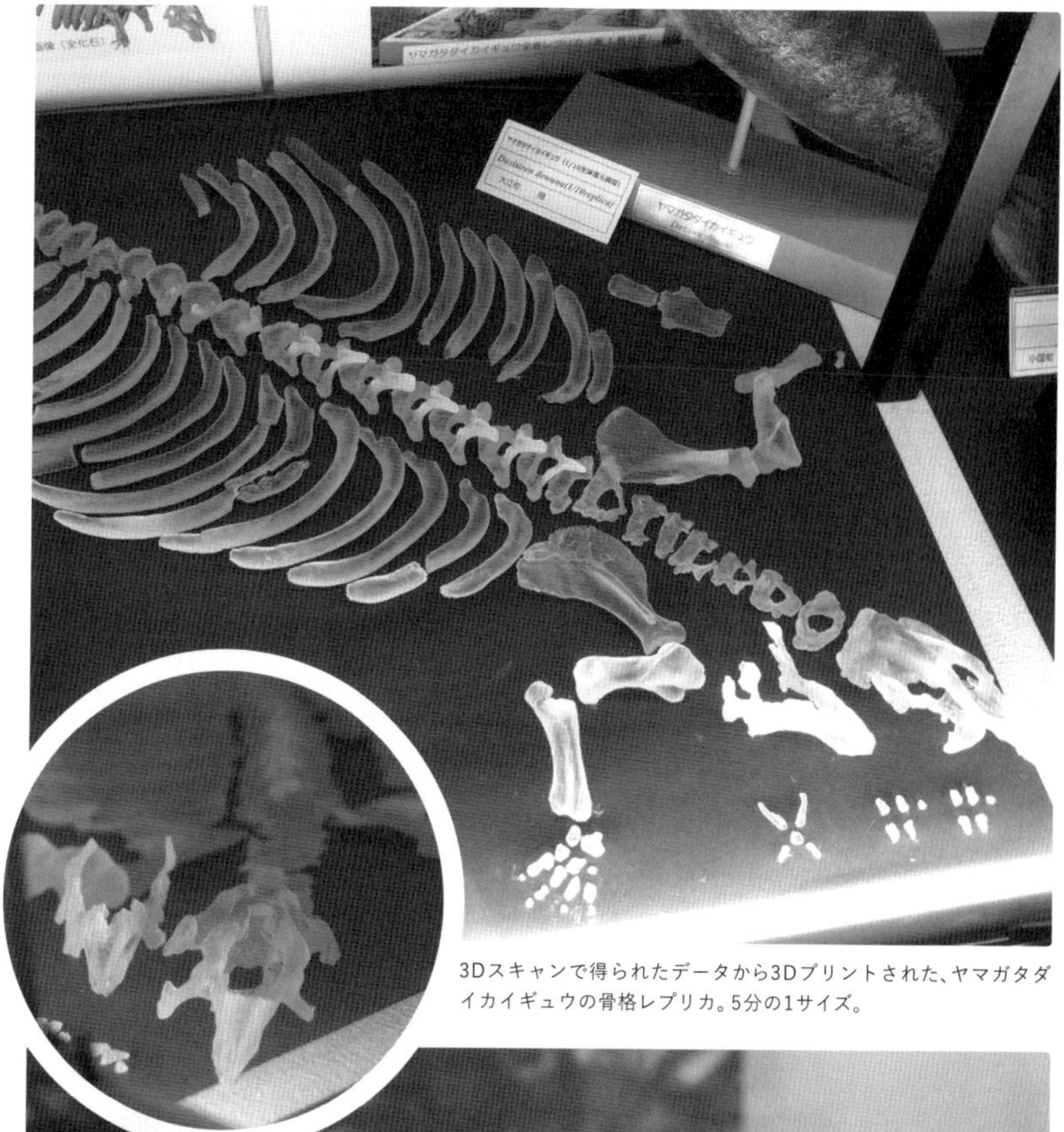

3Dスキャンで得られたデータから3Dプリントされた、ヤマガタダイカイギュウの骨格レプリカ。5分の1サイズ。

山形県立博物館にも、実物大ではないが復元模型が展示されている。

道草メモ

山形ご当地化石コレクション

ヤマガタダイカイギュウのほかにも、山形からはすごい化石がたくさん産出しています。県指定の天然記念物である大きなヒトデ化石「ハダカモミジガイ」や、日本の足跡化石研究の歴史で2番目に報告されたという「鳥の足跡化石」、真室川町の山中で発見された数十個体分のクジラ化石群、通称「マムロガワクジラ」などなど。どれも見逃せない化石ばかりです。

1

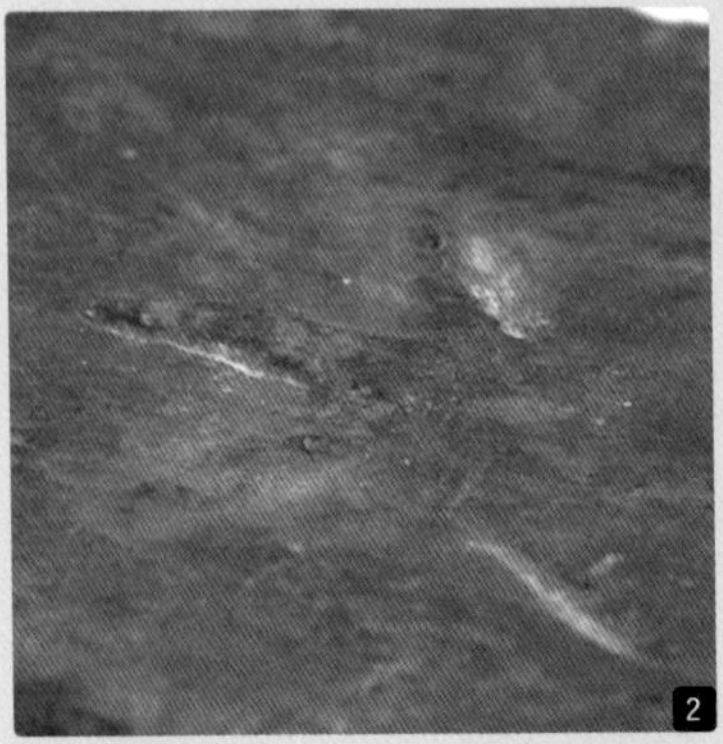

2

3

1 ハダカモミジガイ 2 鳥の足跡化石 3 マムロガワクジラの化石群

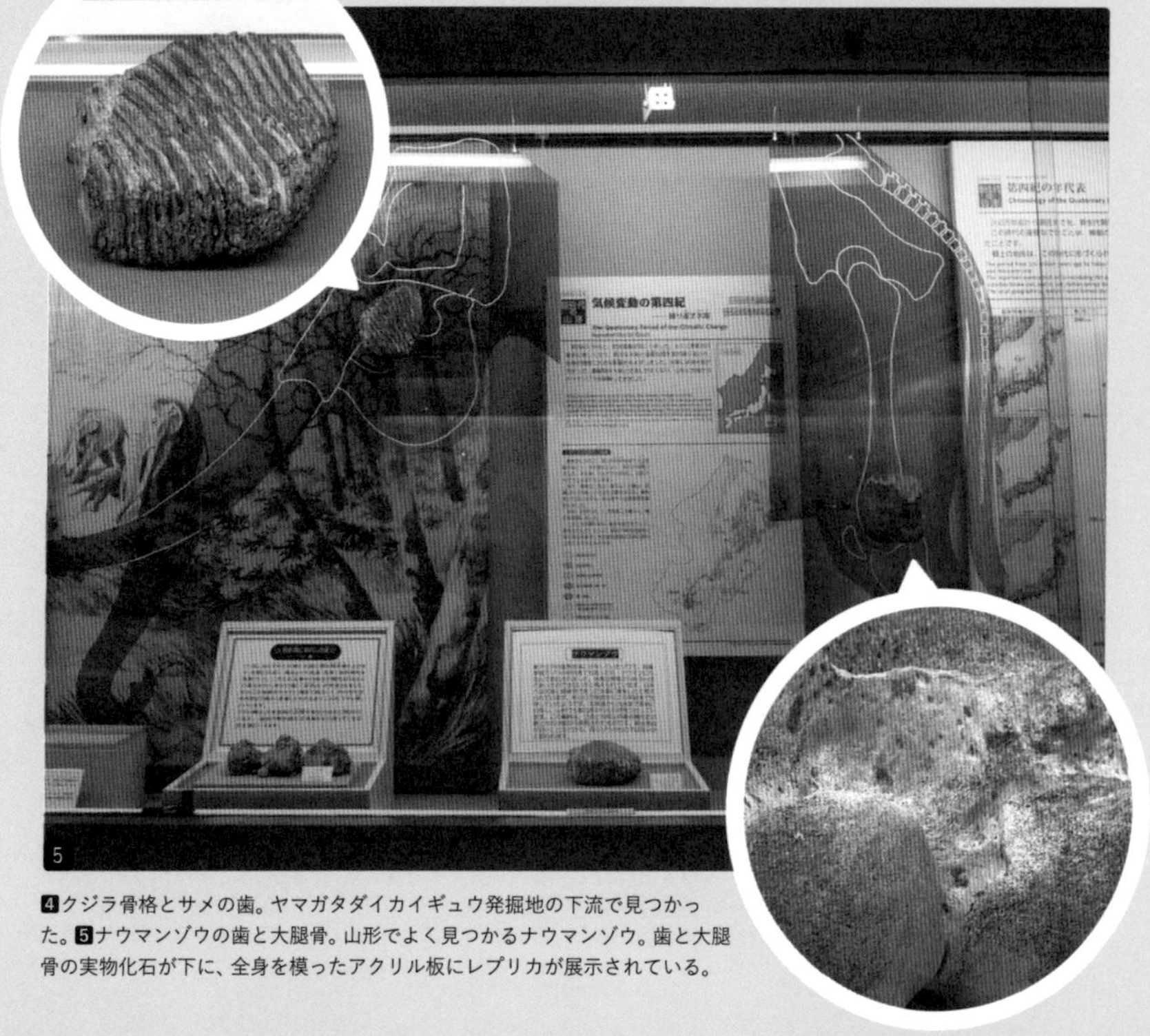

4 クジラ骨格とサメの歯。ヤマガタダイカイギュウ発掘地の下流で見つかった。5 ナウマンゾウの歯と大腿骨。山形でよく見つかるナウマンゾウ。歯と大腿骨の実物化石が下に、全身を模ったアクリル板にレプリカが展示されている。

「県の石」って何？

冒頭で述べた「県の石」について、改めて詳しくご説明しましょう。

これは日本地質学会が学会創立125周年記念事業の一環として、2016年に選定したものです。

ひと口に「石」といっても様々な種類があります。県の石では「鉱物」（天然の結晶質な物質）、「岩石」（鉱物などの集合体）、そして「化石」（生物の遺骸が残ったもの）の3種類を、それぞれの都道府県ごとに選んでいます。例えば、山形県であれば、玉髄《カルセドニー》の一種である「そろばん玉石（鉱石）」、奥羽山地のカルデラ火山から噴出した「デイサイト凝灰岩（岩石）」、そして「ヤマガタダイカイギュウ（化石）」がそれぞれ選定されています。ちなみに、そろばん玉石とデイサイト凝灰岩も館内のどこかに展示されているので、探してみてください。

日本は様々な時代の、様々な種類の岩石や地層が寄り集まってできています。私は「地質の幕の内弁当」と呼んでいます。それほど地質の多様性（ジオ多様性）が高い国であり、各県ごとに代表の石を選べてしまうほど、多種多様な岩石と化石が産出するのです。山形県もそのひとつ。ヤマガタダイカイギュウだけでもおなか一杯になれる博物館ですが、ほかにも見どころがたくさんあったと思います。一息ついて博物館を出たら、山形盆地を囲む周囲の山々を眺めながら、中新世の時代を想像してみるのも良いかもしれませんね。

デイサイト凝灰岩

そろばん玉石

「県の石」リスト

都道府県	岩石	鉱物	化石
北海道	かんらん岩	砂白金	アンモナイト
青森県	錦石	菱マンガン鉱	アオモリムカシクジラウオ
岩手県	蛇紋岩	鉄鉱石	シルル紀サンゴ化石群
秋田県	硬質泥岩	黒鉱	ナウマンヤマモモ
宮城県	スレート	砂金	ウタツギョリュウ
山形県	デイサイト凝灰岩	ソロバン玉石	ヤマガタダイカイギュウ
福島県	片麻岩	ペグマタイト鉱物	フタバスズキリュウ
茨城県	花崗岩	リチア電気石	ステゴロフォドン
栃木県	大谷石	黄銅鉱	木の葉石
群馬県	鬼押出し溶岩	鶏冠石	ヤベオオツノジカ
埼玉県	片岩	スチルプノメレン	パレオパラドキシア
東京都	無人岩	単斜エンスタタイト	トウキョウホタテ
千葉県	房州石	千葉石	木下貝層の貝化石群
神奈川県	トーナル岩	湯河原沸石	丹沢層群のサンゴ化石群
新潟県	ひすい輝石岩	自然金	石炭紀－ペルム紀海生動物化石群
富山県	オニックスマーブル	十字石	八尾層群の中新世貝化石群
石川県	珪藻土	霰石	大桑層の前期更新世化石群
福井県	笏谷石	自形自然砒	フクイラプトル　キタダニエンシス
静岡県	赤岩	自然テルル	掛川層群の貝化石群
山梨県	玄武岩溶岩	日本式双晶水晶	富士川層群の後期中新世貝化石群
長野県	黒曜石	ざくろ石	ナウマンゾウ
岐阜県	チャート	ヘデン輝石	ペルム紀化石群
愛知県	松脂岩	カオリン	師崎層群の中期中新世海生化石群
三重県	熊野酸性岩類	辰砂	ミエゾウ
滋賀県	湖東流紋岩	トパーズ	古琵琶湖層群の足跡化石
京都府	鳴滝砥石	桜石	綴喜層群の中新世貝化石群
兵庫県	アルカリ玄武岩	黄銅鉱	丹波竜
大阪府	和泉石	ドーソン石	マチカネワニ
奈良県	玄武岩枕状溶岩	ざくろ石	前期更新世動物化石
和歌山県	珪長質火成岩類	サニディン	白亜紀動物化石群
香川県	讃岐石	珪線石	コダイアマモ
徳島県	青色片岩	紅れん石	プテロトリゴニア
高知県	花崗岩類	ストロナルシ石	シルル紀動物化石群
愛媛県	エクロジャイト	輝安鉱	イノセラムス
鳥取県	砂丘堆積物	クロム鉄鉱	中新世魚類化石群
島根県	来待石	自然銀	ミズホタコブネ
岡山県	万成石	ウラン鉱	成羽植物化石群
広島県	広島花崗岩	蝋石	アツガキ
山口県	石灰岩	銅鉱石	美祢層群の植物化石
福岡県	石炭	リチア雲母	脇野魚類化石群
佐賀県	陶石	緑柱石	唐津炭田の古第三紀化石群
長崎県	デイサイト溶岩	日本式双晶水晶	茂木植物化石群
大分県	黒曜石	斧石	更新世淡水魚化石群
熊本県	溶結凝灰岩	鱗珪石	白亜紀恐竜化石群
宮崎県	鬼の洗濯岩	ダンブリ石	シルル紀－デボン紀化石群
鹿児島県	シラス	金鉱石	白亜紀動物化石群
沖縄県	琉球石灰岩	リン鉱石	港川人

（日本地質学会ホームページより）

THE 日本の化石

地質標本館

ニッポニテス・ミラビリス　*Nipponites mirabilis*

訪れたのはこちら

地質標本館

国内最大級の地球科学専門のミュージアム。岩石や鉱物、化石などおよそ 2000 点の標本を常時展示しています。HP https://www.gsj.jp/Muse/

「筑波研究学園都市」を擁する茨城県つくば市。様々な研究機関が30近く集まり、自然科学から生命科学、コンピュータサイエンスに至るまで、多種多様な研究が進められています。

そんなつくば市にある地質標本館は1980年に開館しました。

ウェブサイトには、「地質標本館は、我が国の地質の調査のナショナルセンター、産総研地質調査総合センター（GSJ）の公開施設です」と書かれています。すなわち、国の研究機関である産総研（産業技術総合研究所）の中にある施設なのです！

実は私も一時期、この地質標本館と、GSJの地質情報研究部門に所属していました。

1

2

3

4

1名物アンモナイト階段。2プロジェクションマッピングで見る日本列島の地質。3恐竜の足跡。4天井に展示された日本列島周辺の震源分布。

第4展示室のニッポニテスに会いに行く

地質標本館は大きく分けて4つの展示室があり、化石だけでなく火山や地層など本当に見どころが多い博物館です。

しかし、あえていきなり、第4展示室に入ってみましょう。入り口を抜けてホール左側にある部屋です。

ここでは標本館の名の通り、大量の岩石、化石、鉱物の標本が棚の中に並んでいます。

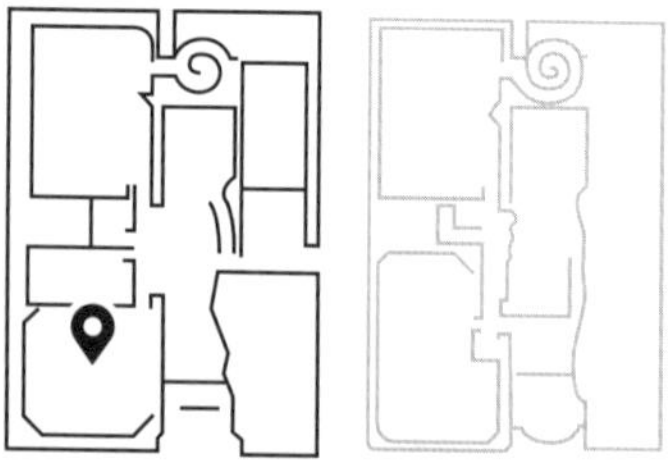

1階の第4展示室は、「岩石・鉱物・化石」の部屋です。

展示室の入り口から

地質年代ごとにガラスケースが並んでいます。

ここで注目したいのは、中央の棚にある異常巻アンモナイト、その名もニッポニテス・ミラビリスです。

属名のニッポニテスは「日本で見つかった化石」、種小名のミラビリスは「奇妙な形の」という意味で、名実ともに日本を代表する化石。三笠市立博物館のページでも解説しましたが（77ページ参照）、当初は「異常巻」とされていたものの、１９８０年代に行われたコンピュータによるシミュレーションで規則的な形であることがわかりました。この経緯について、改めて詳しく見ていきましょう。

ニッポニテスを最初に発見したのは、当時東京帝国大学の大学院生だった矢部長克理学士です。矢部氏は当初から、ニッポニテスの巻き方に規則性があることを指摘していましたが、当時は標本が一つしかなかったこともあり、また通常のアンモナイトとあまりに形がかけ離れていたことから、この一個体だけが異常巻であると多くの研究者は考えました。

しかしその二十数年後に、同じ形態の化石が発見され、こうした形態のアンモナイトがいたという認識が現在では浸透しています。

さらに１９８０年代には岡本隆博士らによるコンピュータシミュレーションが行われました。

この研究では、ニッポニテスに近い種類であるユーボストリコセラスの殻を一定の法則で成長、蛇行させるとニッポニテスの形になることを発見しました。ユーボストリコセラスはニッポニテスよりも少し古い時代の生物であり、これが進化してニッポニテスになったと考えられています。

そして両者の形は一見すると違っているようでありながら、同じ計算式のシミュレーションでパラメータを少し変えるだけで再現できてしまう、規則性のあるものだということがわかったのです。

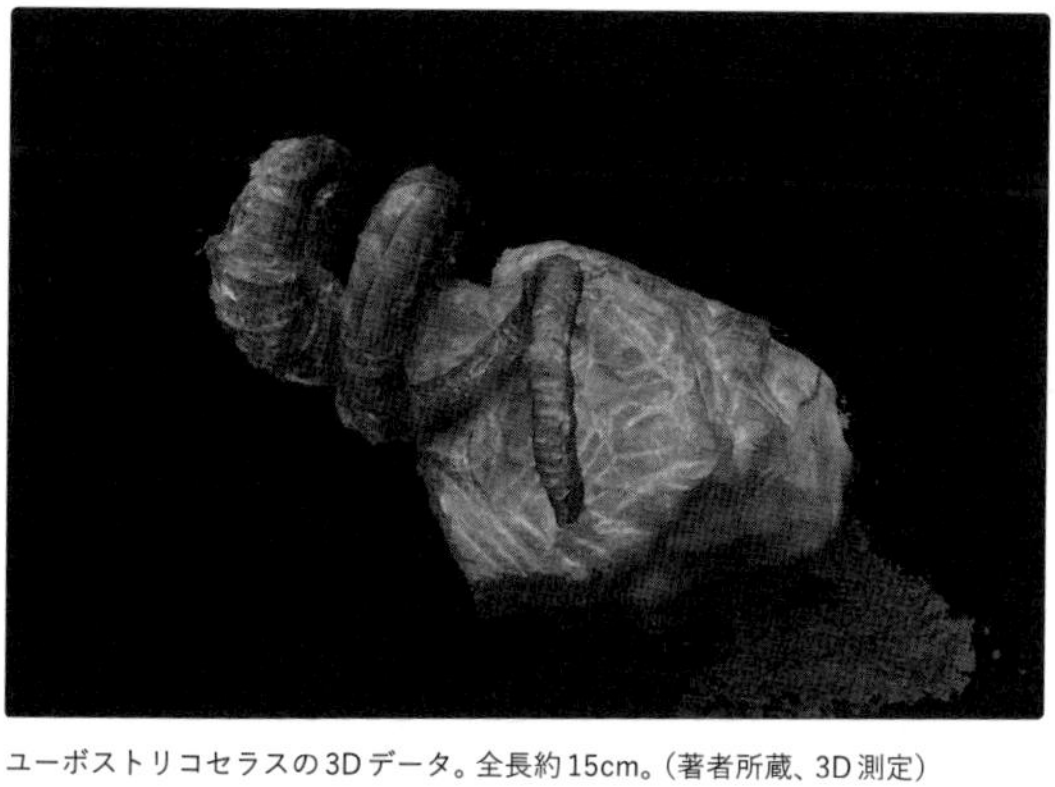

ユーボストリコセラスの3Dデータ。全長約15cm。（著者所蔵、3D測定）

この形、
どうなって
いるの……？
地質標本館のニッポニテスは
壁のないガラスケースに
展示されているので、
正面からはもちろん、

上から、

斜め横から、

後ろからも、
いろいろな角度から
観察しましょう!

「異常巻」の規則性

さらに岡本博士らの研究では、ニッポニテスは平面巻き、左らせん巻き、右らせん巻きの3つの成長パターンを繰り返すことで再現できることもわかっています。

つまり、こうです。

成長初期はほかのアンモナイトと同様に、平面状に近い形で殻を巻きます。しかし殻の姿勢が上を向きすぎたときには左右のらせん巻きに成長して殻の向きを下向きに、逆に下向きにな

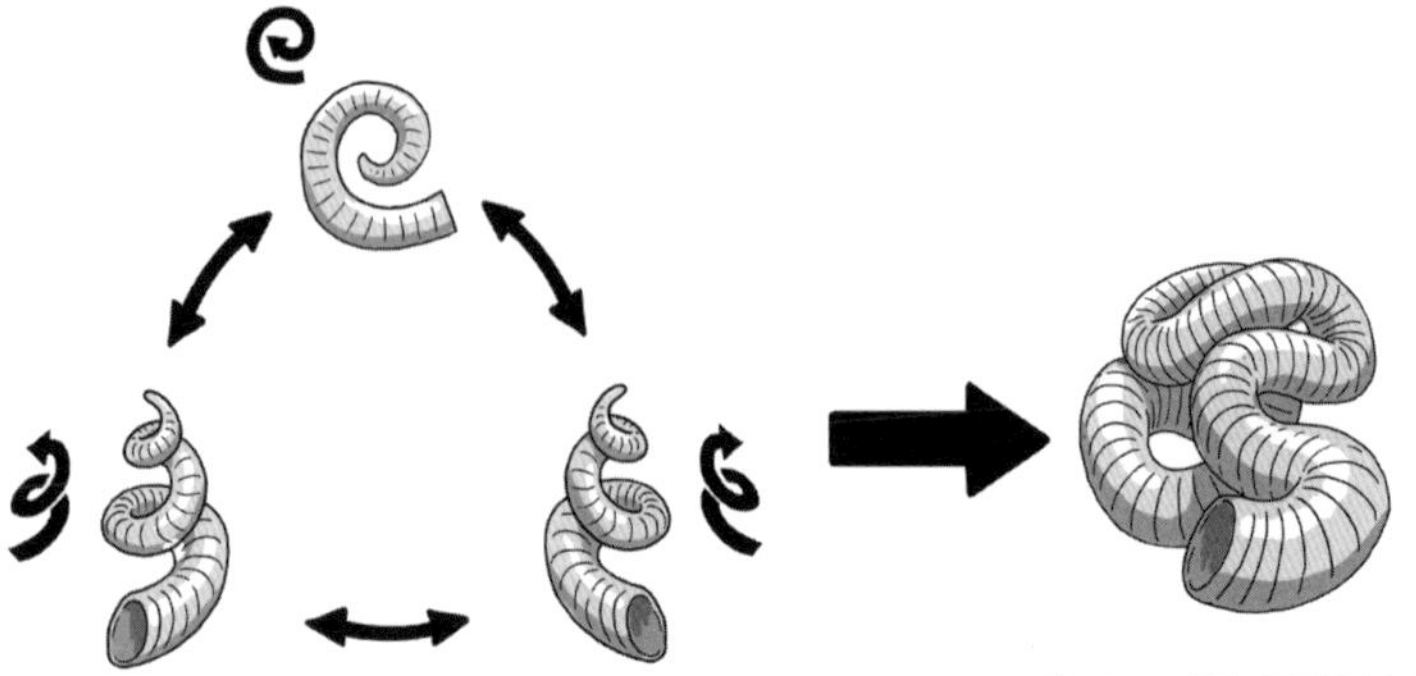

ニッポニテスの殻は、平面巻きと左右のらせん巻きを繰り返して成長する。
(岡本隆 (1999) を参考に作図)

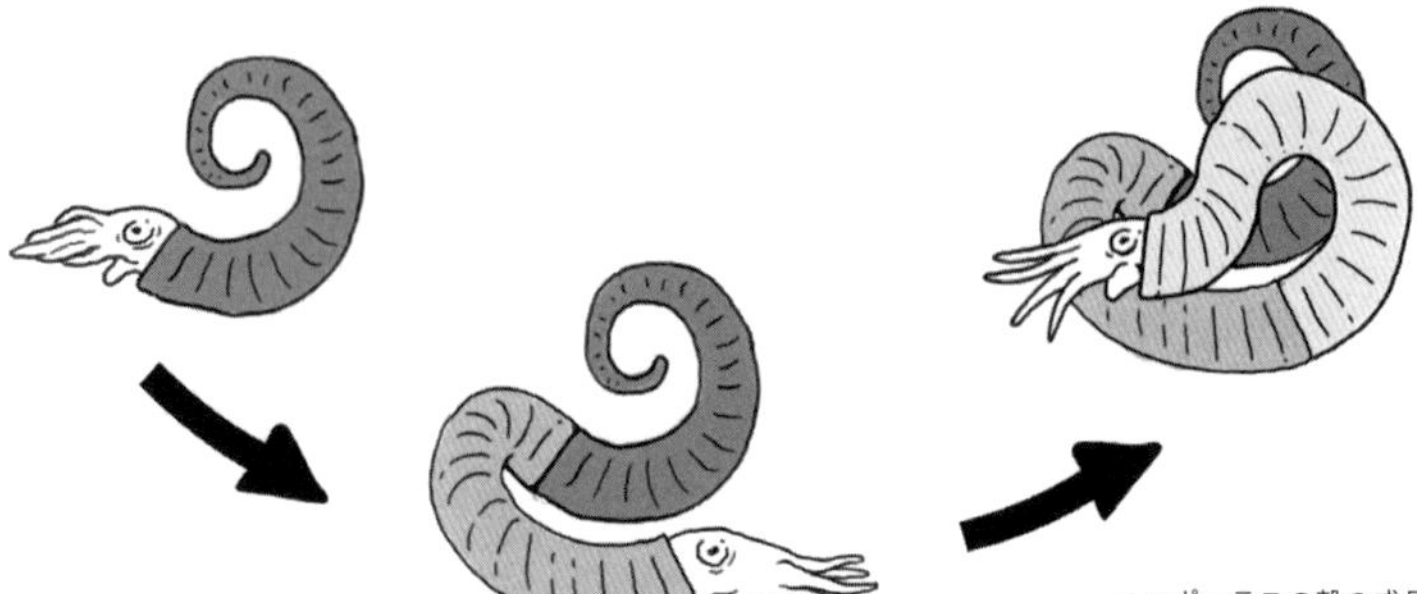

ニッポニテスの殻の成長
(岡本隆 (1999) を参考に作図)

Nipponites mirabilis Yabe
ニポニテス（異常巻アンモナイト）
化石をうごかす

拡大してみると、違う発見があるかも…？

ニッポニテスの展示の前にあるモニタで3Dデータを公開。タッチパネル式で向きを変えたり拡大・縮小したりしながら細部を観察できる。

りすぎたときには平面のらせん巻きに戻って上向きに姿勢を調整した、と考えられているのです。

現在、こうした異常巻アンモナイトを3Dスキャナでデータ化し、バーチャル空間でシミュレーションする研究も進んでいます。私が測定したニッポニテスの3Dデータを標本の近くのモニタで公開していますので、ぜひ見てみてください。タッチパネルでニッポニテスを回転させたり、拡大・縮小させたりして、その構造を詳細に観察できます。

ちなみに、いわゆるアンモナイトのイメージである平面状に殻が巻いているものは「正常巻アンモナイト」と呼ばれます。

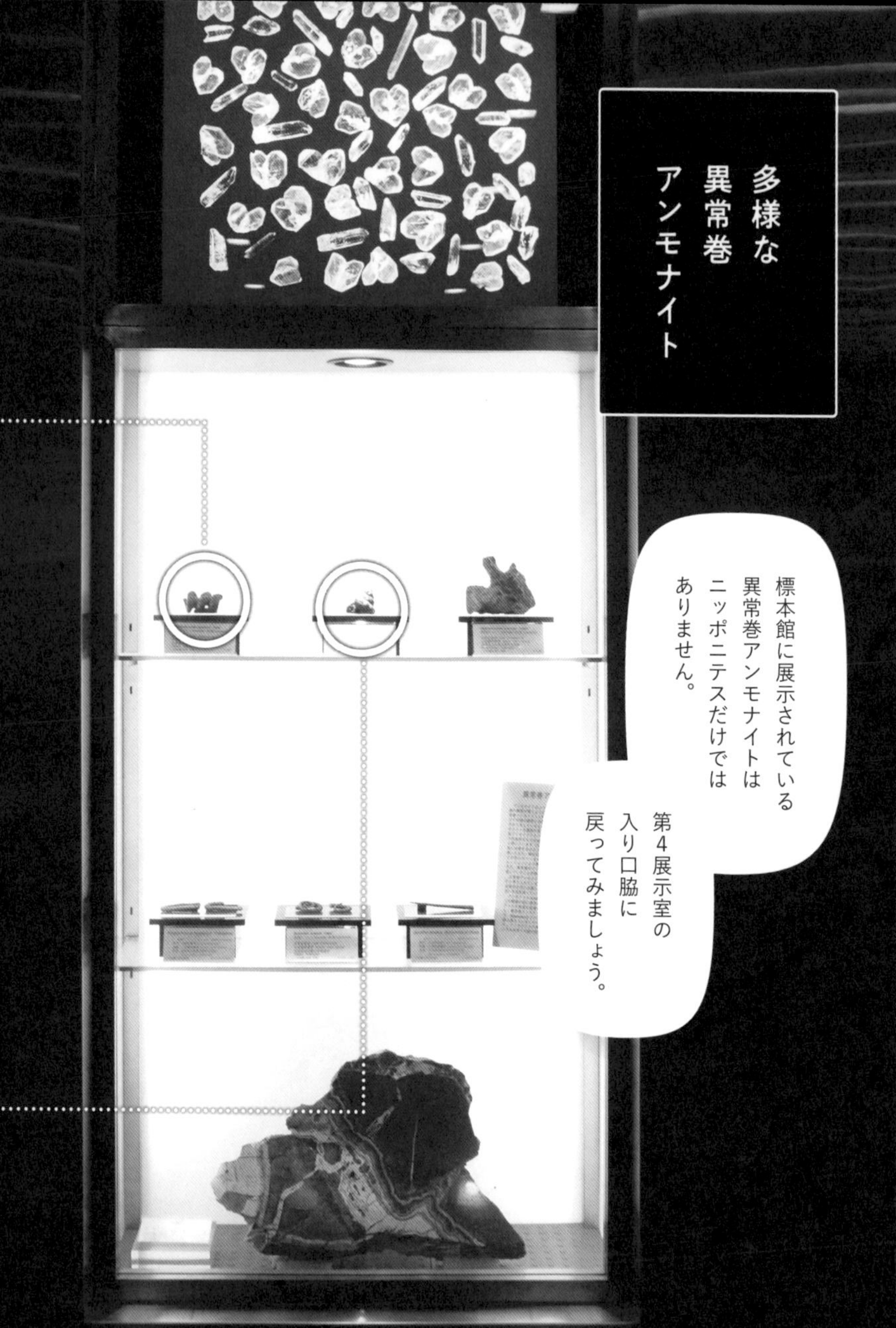

多様な異常巻アンモナイト

標本館に展示されている異常巻アンモナイトはニッポニテスだけではありません。

第4展示室の入り口脇に戻ってみましょう。

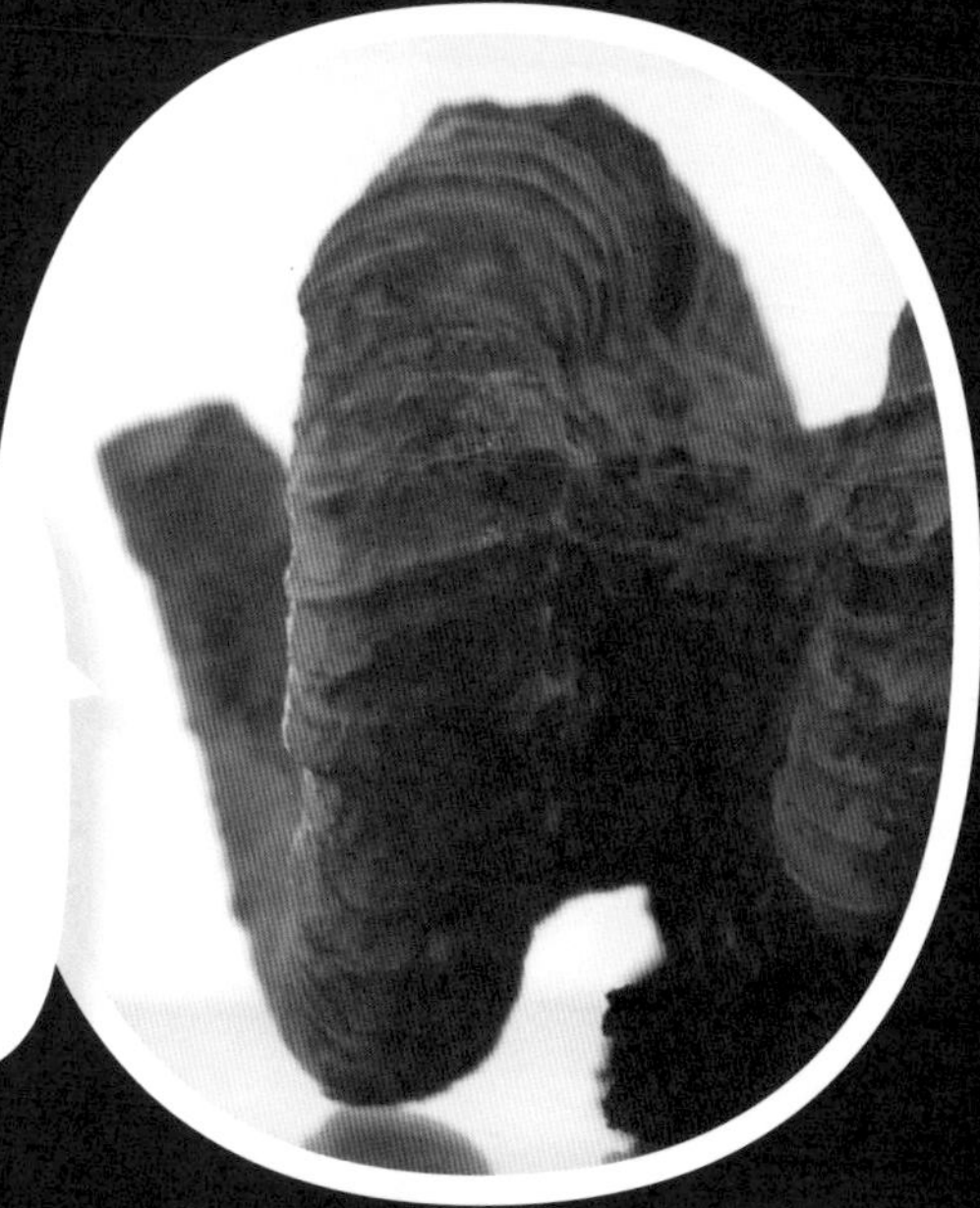

バネみたいにグルグル。
ニッポニテスとは
違ったおもしろさが
ありますね。

こちらはどうですか？
アンモナイトというよりは
巻貝っぽい！

ここにはニッポニテスとは違う異常巻アンモナイトが数種類、展示されています。

まずは先ほども名前が出たユーボストリコセラス。これは正常巻アンモナイトを縦方向に伸ばしたような、ばねのような形に巻いています。

またサザエのような殻をもった異常巻アンモナイト、ハイポツリリテスも展示されています。ただしサザエは巻貝、すなわち腹足類であるのに対し、アンモナイトはイカタコ類、つまり頭足類です。形が似るのはなんだか不思議ですね。

螺旋をドリルのように細く長く伸ばしているのはハイファントセラス。ゆるく巻いたスカラリテスや、クリップのような巻き方のポリプチコセラスの形も見事です。とはいえ、これらはまだ「巻く」というアンモナイトのアイデンティティをギリギリ保っていますが、「巻かない」アンモナイトもいますよ。見てください、一直線に伸びたバキュリテスの殻！　でも実は、幼少期には小さく巻いていて、成長に伴って殻をまっすぐに伸ばしていったようです。これにも生存に有利な何かしらの理由があったのでしょうね。

異常巻アンモナイトは、アンモナイトがいかに多様性の豊かなグループであったかを教えてくれます。そして、その研究のスタートにあったのが、我らがニッポニテスなのです！

２０１８年、日本古生物学会は10月15日を「化石の日」と定めました。これは、矢部博士がニッポニテスを新種として記載した論文が発表された、１９０４年10月15日にちなんでいます。

ハイポツリリテス

ユーボストリコセラス

ハイファントセラス
スカラリテス
ゆる〜い
ポリプチコセラス
バキュリテス
まっすぐ！

地質標本館
圧巻の展示内容

異常巻アンモナイトがある第4展示室はほかにも、古生代から新生代にかけての数々の化石が展示されているほか、「モンスターゴールド」と呼ばれる国内最大級の金鉱石、さらには国内外の希少な鉱物、鉱石がずらっと並べられ、どこも見逃し厳禁です。

また、第4展示室と同じフロアにある第1展示室にもぜひ立ち寄ってください。進化の系統に沿って化石を並べた「進化のタイムトンネル」と呼ばれる展示は、過去5億年の生物進化の歴史が総覧できる、なんともワクワクする空間ですよ。

デスモスチルスの全身骨格と産状化石のレプリカもスルーできません。現生動物には見られない、柱を束ねたような不思議な形の歯が特徴で、日本を代表する奇獣です。

おっと！異常巻アンモナイトの案内だけでたくさんページを使ってしまいました。
しかし、地質標本館の見どころは異常巻アンモナイトだけではありません！

4

「進化のタイムトンネル」と
呼ばれるこちらの展示は、
どこか近未来的！
色付きのパイプは
系統を表していますよ。

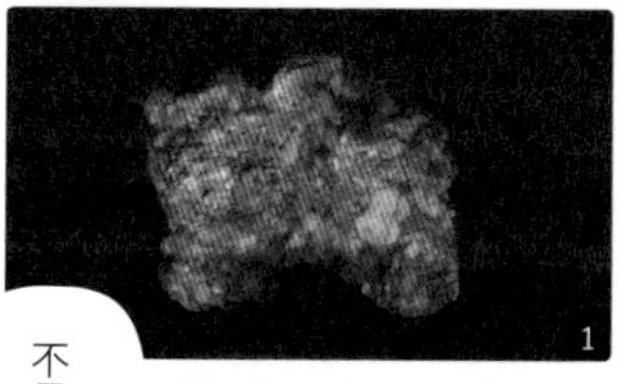

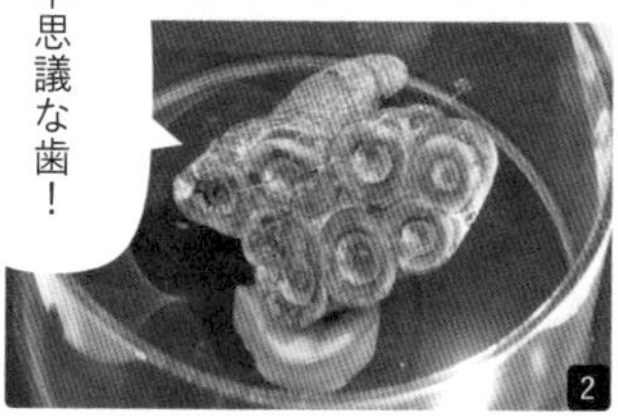
不思議な歯！

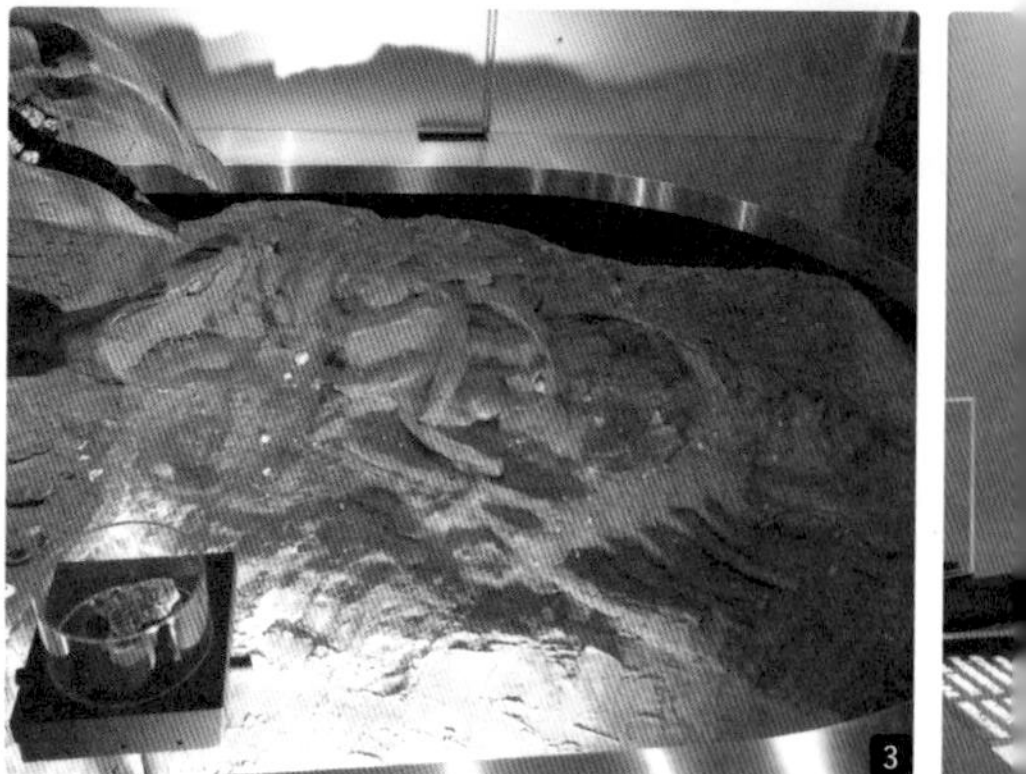

1 金含有量83%の金鉱石「モンスターゴールド」 2 デスモスチルスの歯 3 4 デスモスチルスの産状と骨格

次はアンモナイト階段で2階へ！

さらに2階に行けば、第2展示室では日本周辺の海底で採取された化石や鉱物標本、第3展示室では富士山をはじめとする日本の活火山で採取された岩石標本も見られます。

　地質研究の最前線をいく地質調査総合センターがすぐ隣にあるため、地質標本館の展示内容も常に更新されています。世界最先端の地質展示をぜひお楽しみください。

第2展示室「生活と鉱物資源」、第3展示室「生活と地質現象」の部屋に入ってみましょう。

ここに見えるのは
太平洋の
海底地形のジオラマ。

こちらには
富士山と箱根火山の
ジオラマがあります。

大阪地下の巨大ワニ

大阪市立自然史博物館

マチカネワニ　*Toyotamaphimeia machikanensis*

訪れたのはこちら

大阪市立自然史博物館

自然史に関するおよそ1万点の標本資料を展示。併設された長居植物園とともに50年の歴史をもつ博物館です。HP https://omnh.jp/

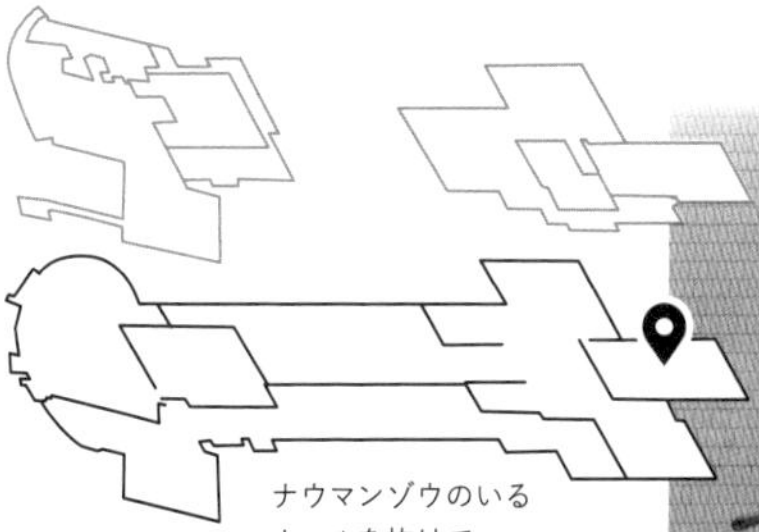

ナウマンゾウのいる
ホールを抜けて、
目指すは第２展示室！

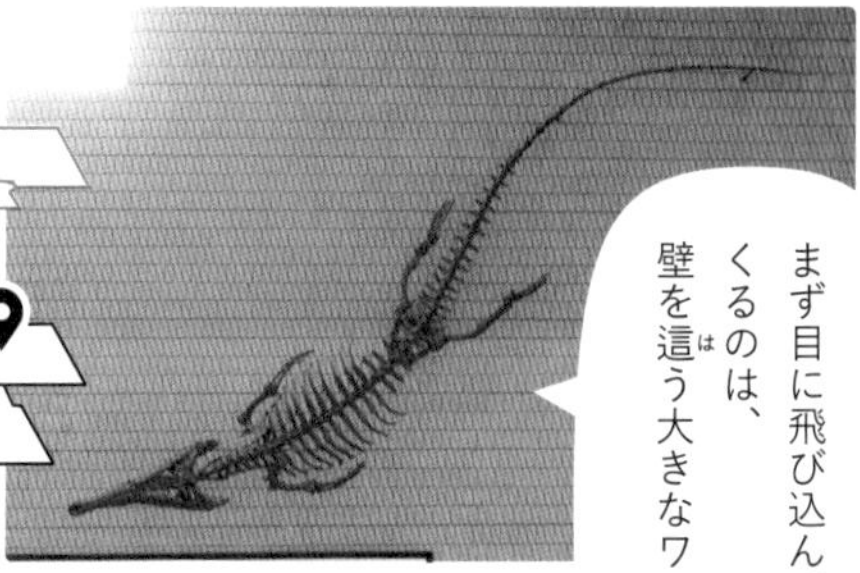

まず目に飛び込んでくるのは、
壁を這《は》う大きなワニ！

大阪市立自然史博物館は、大阪市の東住吉区にある、長居公園という広大な敷地の中に建っています。館のテーマは「自然と人間のかかわり」。地学だけでなく多種多様な研究者が活躍する博物館であり、展示物の規模も西日本有数といえるでしょう。

ここは
「ナウマンホール」と
名付けられた空間。

そしてその奥にある、
大きく「2」と書かれた
扉を入ると……

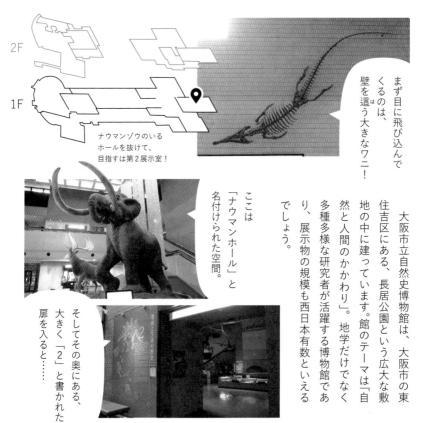

フロアを大行進する骨の動物の群れが一斉に出迎えてくれました。

展示室の中には恐竜やゾウなど目を奪われる化石がたくさん並べられていますが、注目したいのは巨大ワニの全身骨格です！　上ばかり見ていると通り過ぎてしまうので気をつけて。ほらそこ、足元です。

この巨大ワニ、全長が7・7メートルあり、細長い口と、板のように平たい背中が大きな特徴です。「マチカネワニ」の愛称で知られ、学名は「トヨタマヒメイア・マチカネンシス」。トヨタマヒメイアとは、日本神話（古事記）に登場する豊玉姫にちなんだ

もので、豊玉姫はワニの化身であるとされています。また「マチカネワニ」の名は、化石が発見された大阪大学豊中キャンパスが位置する待兼山丘陵《まちかねやまきゅうりょう》から名付けられました。

マチカネワニが生きていた時代は第四紀更新世の「チバニアン」。

そうです、一時期話題になったあのチバニアンです。いろいろと気になるワードが出てきましたが、順を追ってご説明しますので、焦らず焦らず！

チバニアンという時代

チバニアンとは77万4000年前から12万9000年前までの期間を指します。響きが似ていますが、某妖怪アニメの「〇〇ニャン」とは関係ありません。とはいえこの語感のおもしろさも、チバニアンが話題になった要因のひとつなのかもしれませんね。

チバニアンは、千葉県の“Chiba”と接尾語の“ian”を組み合わせた正式な学術用語です。日本語では「千葉時代」と呼びます。

そうそう、「地質年代」という言葉の説明もしていませんでした。

地質年代は、地層から見つかる化石を基準にして分けた時代区分のことです。「ジュラ紀」や「白亜紀」という用語は聞きなじみがあるかと思いますが、これは恐竜が生きていた時代の、比較的広い期間を指す言葉ですね。こうした地質年代は生物の出現や絶滅のタイミングで時代を区切ったものであり、化石が地質年代を決める上での重要な基準となります。

チバニアンは、ジュラ紀や白亜紀よりもずっと新しい時代の、新生代第四紀更新世の中のある短い期間を指す用語です。なぜ研究者たちがこの時代に注目しているのか!? その驚きの理由はのちほどじっくりご説明しましょう。

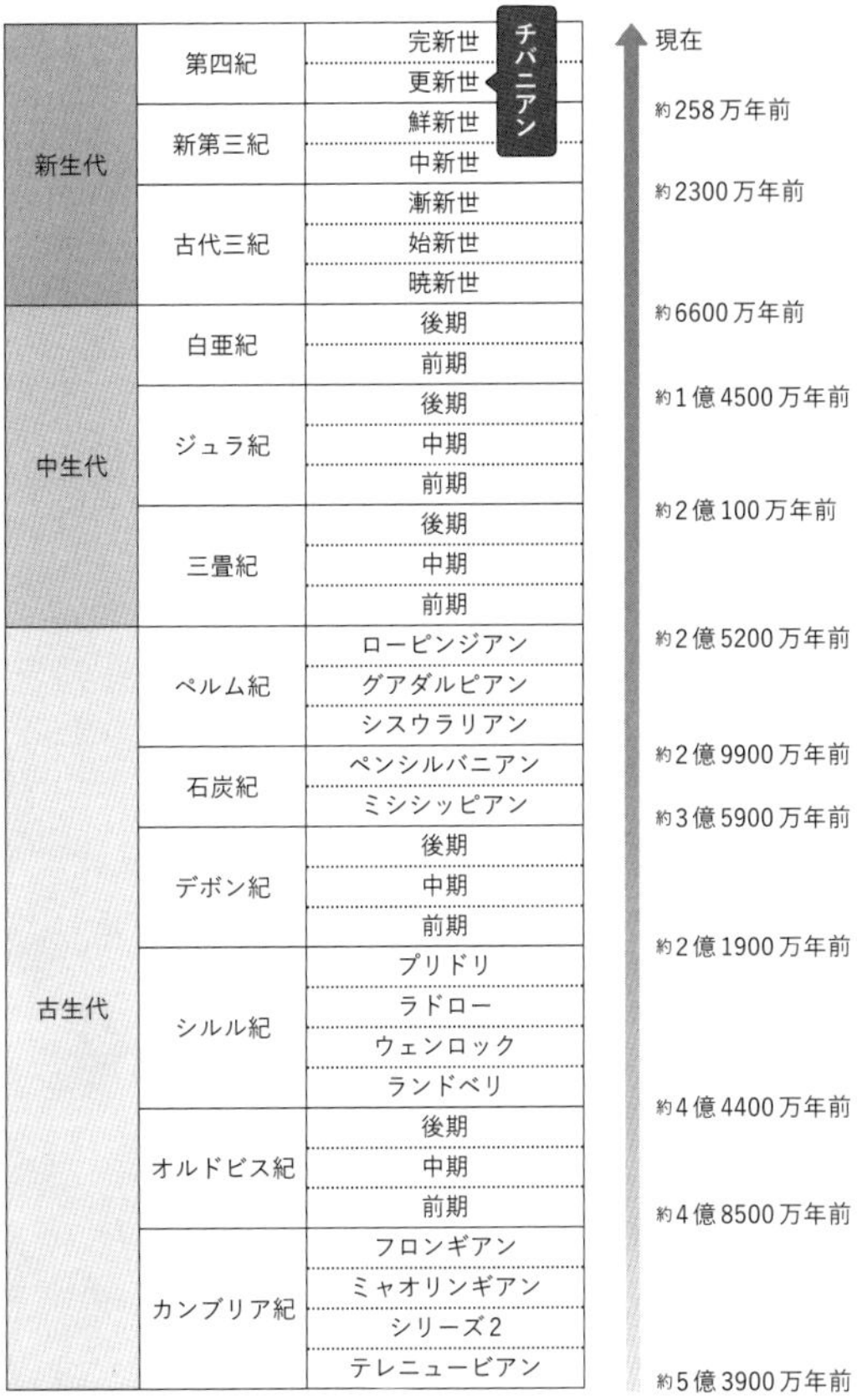

新生代
第四紀
完新世
更新世
チバニアン
新第三紀
鮮新世
中新世
古代三紀
漸新世
始新世
暁新世
中生代
白亜紀
後期
前期
ジュラ紀
後期
中期
前期
三畳紀
後期
中期
前期
古生代
ペルム紀
ローピンジアン
グアダルピアン
シスウラリアン
石炭紀
ペンシルバニアン
ミシシッピアン
デボン紀
後期
中期
前期
シルル紀
プリドリ
ラドロー
ウェンロック
ランドベリ
オルドビス紀
後期
中期
前期
カンブリア紀
フロンギアン
ミャオリンギアン
シリーズ2
テレニュービアン
現在
約258万年前
約2300万年前
約6600万年前
約1億4500万年前
約2億100万年前
約2億5200万年前
約2億9900万年前
約3億5900万年前
約2億1900万年前
約4億4400万年前
約4億8500万年前
約5億3900万年前

全長7メートル！日本にいた巨大ワニ

マチカネワニは
とにかくしっぽが長いのが特徴。
どのくらい長いかというと、

しっぽの終わりに「しっぽここまで」の旗が立てられているくらい長いです。
しっぽ ここまで
オオナマケモノ

45万年前、巨大ワニが大阪を闊歩した

話が脱線したので、マチカネワニに戻ります。

マチカネワニは、チバニアンの中頃である約45万年前に生息していたと考えられています。ワニの特徴である背中の隆起が少なく、平らな構造なのがちょっと珍しいですね。

化石が発見されたのは、大阪層群のカスリ火山灰層直上の炭質粘土層。この地層からは、アデク属に分類される植物化石も発見されていますが、アデク属

マチカネワニの背中は、他のワニのように隆起していません。

は現在、熱帯から亜熱帯にかけて生息しているため、当時の気候は現在よりも温暖だったと推測されています。ただし花粉の化石の分析からは、現在の大型ワニが暮らしているような熱帯や亜熱帯の気候ではなく、温帯に近い気候だったこともわかってきました。

つまり、マチカネワニは温帯域に適応した珍しいワニでもあったのです。

ちなみに大阪層群とは、大阪平野とその周辺部に広く堆積している地層で、砂や泥の層、そして数多くの火山灰の層が含まれています。マチカネワニのほかには、アケボノゾウと呼ばれる小型のゾウなどの化石も知られています。

道草メモ

○○億年ってどのくらい?

化石や地球科学の話では、「○○億年」や「○○万年」など時間の単位が途方もなく大きいため、それがどのくらいなのかスケール感がいまいちイメージできない!という声をよく耳にします。そんなときのコツをひとつ伝授しましょう。

簡単です。「年」を通貨の「円」に置き換えてみてください。

1万円と1億円、1千万円と1億5千万円、2万円と2千万円……。

いかがでしょう？　なんとなく「大きい」としか捉えられなかった数字のスケール感の違いが、具体的にイメージできたのではないでしょうか。(できませんか?)

大阪にいる もうひとつの マチカネワニ

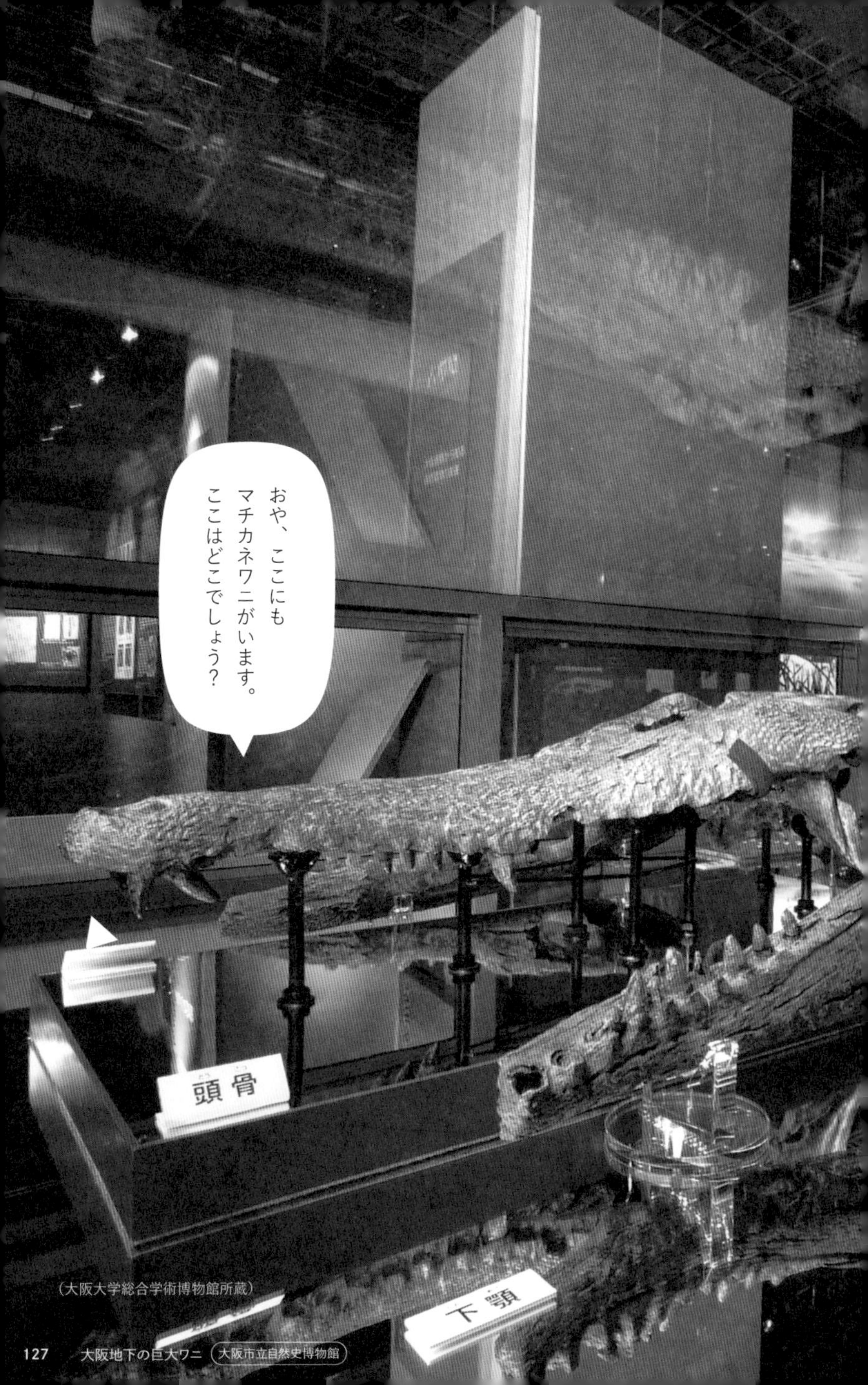
おや、ここにも
マチカネワニがいます。
ここはどこでしょう？
頭骨
下顎

（大阪大学総合学術博物館所蔵）

大学構内からワニが出た？

　マチカネワニが発見されたのは1964年のこと。大阪大学の豊中キャンパスにある大阪層群の調査に来ていた二人の学生が、大きな骨のかけらと思われる化石を見つけたことに始まります。

　化石は大阪市立自然史博物館に持ち込まれ、それをきっかけに行われた大規模な発掘調査で、全身の7～8割に相当する部位が見つかりました。体長は6・9～7・7メートル、推定体重は約1・3トン。これが日本における最初のワニ化石の発見となったのです。

　当初、このワニはクロコダイル科のマレーガビアル属のものと考えられました。マレーガビアル属の一種であるマレーガビアルは、現在もインドネシアのスマトラ島やボルネオ島に生息している、口の細長いワニの一種です。

　しかしその後の研究で新しい属のワニであるとして、先に説明したトヨタマヒメイア・マチカネンシスの名前がつけられたのです。

　さらに近年、北海道大学、大阪大学、国立科学博物館の共同研究により、現生のワニとの比較が細かく行われ、新しいこともわかってきました。その研究によると、マチカネワニはクロコダイル科・トミストマ亜科というグループに属し、現在生きているものの中で最も近いのはマレーガビアル。つまり、過去の学説も大枠では正しかった、という結果が得られたのでした。

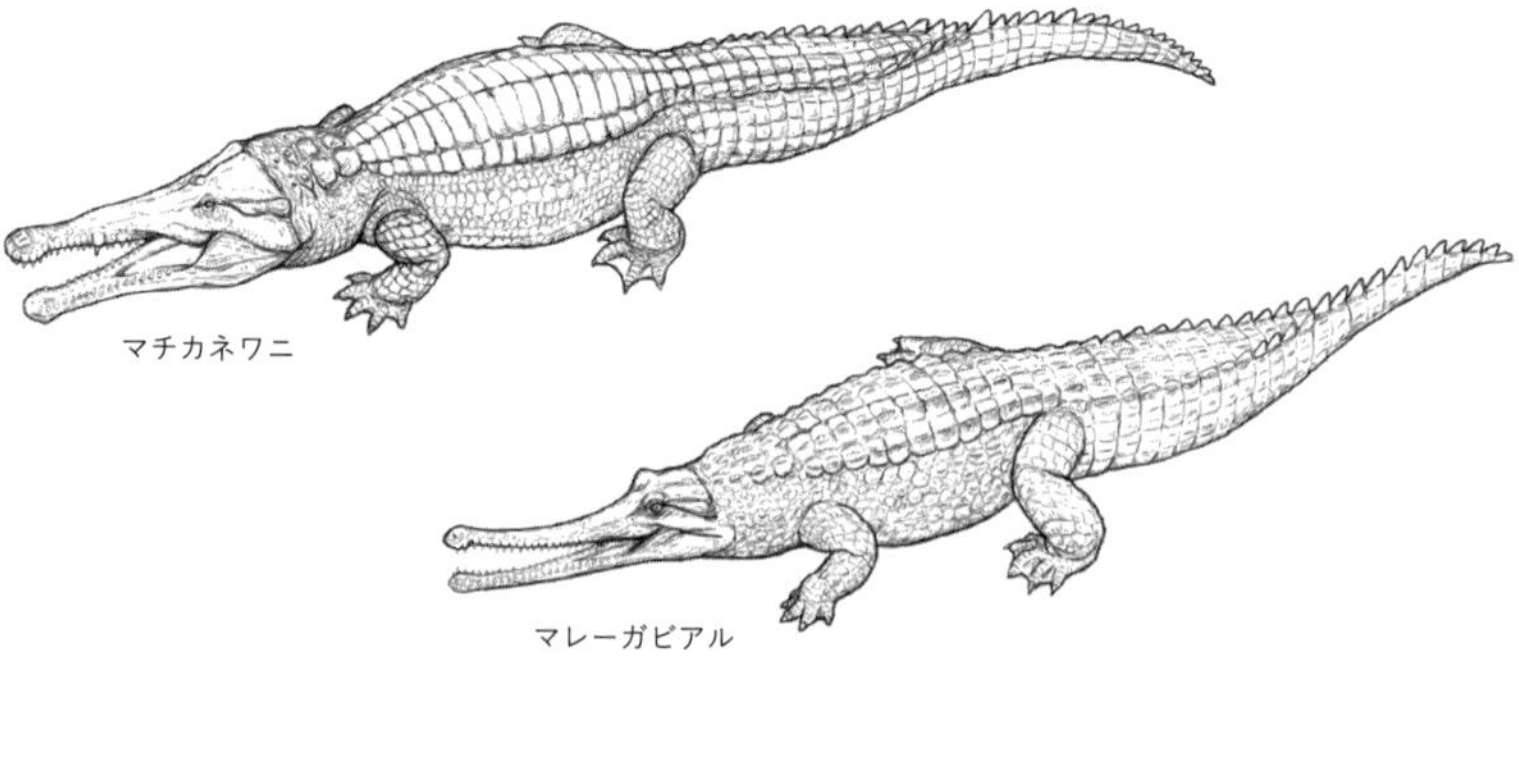

マチカネワニとマレーガビアルの比較

さて、大阪市立自然史博物館のマチカネワニはレプリカです。では本物の化石はどこにあるのでしょう？

答えは、大阪大学によって設置された大阪大学総合学術博物館です。2007年から実物標本が展示されています。

2012年には、北海道大学や豊中市教育委員会、そして大阪大学の共催で特別展「巨大ワニと恐竜の世界—巨大爬虫類2億3千万年の攻防—」が行われました。ご覧になった方もいるでしょうか。

ちなみに、入り口のすぐ横の壁にはマチカネワニのレプリカが張り付いており、大迫力です。レプリカと実物の両方を展示することで、来館者が両者の違いを実感できるように工夫したそうです。

巨大なワニが生息していた約45万年前の大阪の光景。想像するだけでもワクワクしますね。そしてチバニアンにも関係していたマチカネワニ。今後の研究で、当時の環境とともにさらなる詳細な姿がわかるかもしれません。

大阪大学総合学術博物館に展示されているマチカネワニ
（画像提供　大阪大学総合学術博物館）

道草メモ

大阪地下のゾウとクジラ

大阪層群からは、ゾウの化石も見つかっています。特に有名なのが、アケボノゾウ。

巨大なワニから一転、可愛らしい小型のゾウです。

こちらには世界初のカツオクジラの化石が展示されています。

カツオクジラは現生にもいますが、この個体は8800年前～4000年前のもの。大阪市東成区今里駅の地下鉄工事中に見つかったそうです。

❶養老川流域田淵の地磁気逆転地層 ❷GSSPとなった白尾火山灰層に設置されたゴールデンスパイク
（画像提供　市原市教育委員会）

なぜ研究者は「チバニアン」に注目するのか

121ページでチバニアンについて軽く触れましたが、ここでじっくりご説明しましょう。

舞台となるのは、千葉県の養老川《ようろうがわ》沿いにある「千葉セクション」と呼ばれる地層。ここには、この時代の地層と、その前の時代である「カラブリアン」の境界が状態よく残っています。そこから、日本の研究グループは、チバニアンの名前を国際地質科学連合（IUGS：International Union of Geological Sciences）という国際的な学術組織に申請し、これが認められたのが2020年のことでした。

さて、チバニアンの説明には「地磁気逆転」という言葉がしばしば登場します。これこそが、チバニアンが注目される最大の要因のひとつです。千葉セクションには、約77万年前に起こった地磁気の逆転の過程が詳細に記録されているのです。

地球の磁場（地磁気）は地球の中心にある核（コア）と呼ばれる場所で生み出されると考えられています。核は鉄などを主成分とし、液体でできた外核が動くことで地磁気が作られると推測されていますが、この液体の動きに地磁気は影響を受け、時には弱くなったり方向を変えたりすることがあるとされています。これが地磁気の逆転が起こる原因です。過去の地磁気がどちらを向いていたかは、地層を調べることでわかります。泥や砂が水の中でゆっくり積み重なって地層を作るとき、中にある磁石の性質をもった鉱物（磁性鉱物粒子）は、そのときの地磁気と同じ向きに磁気が揃って堆積します。これが地層となって固まることで、当時の地磁気の方向が記録されます。これを地層ごとに調べることで、その時代の地磁気の方向がわかるのです。

地磁気は、宇宙線や太陽風などの粒子が地上に降り注ぐのを防ぐと考えられており、そのおかげで地球上の生命が発展できたという説もあります。それゆえに、地磁気が弱まったり反転したりしたとき、生命にどんな影響を及ぼすのかを明らかにすることは、私たちの将来にとっても重要な研究テーマとなります。

ところで、千葉セクションのような地球の歴史の境界面がよくわかる地層を「GSSP（国際境界模式層断面と地点）」と呼びます。GSSPに認定されるには、水中で堆積した「整然（乱されていない）」かつ「連続的」で「容易に観察可能」な地層であることが求められます。

また、GSSPになるための条件に、「多くの種類の化石が見つかること」もあります。地磁気の逆転は過去に何度も起こっているため、どの時代に起きた逆転なのか、化石を使って調べる必要があります。また、世界中から共通して見つかる種類があれば、ほかの地域の地層と対比がしやすくなります。

化石の中でも特に多くの情報を含むのが微化石（微生物の化石）です。千葉セクションは海底で堆積した地層で、その中には顕微鏡で見ないとわからないほどの小さな化石が数多く含まれています。微化石の中でも「有孔虫」と呼ばれるものは特に昔の環境をよく記録しています。有孔虫は炭酸カルシウムの殻をもった単細胞生物で、海面に浮かびながら生活する「浮遊性有孔虫」と、海底で生活する「底生有孔虫」がいます。前者は海水温や海域によって、後者は海底の溶存酸素濃度や塩分濃度などによって生息する種が異なります。地層の場所にもよりますが、有孔虫の化石は大さじ1杯分の堆積物の中に数百〜数千個も入っています。どの種が時代によってどう変化したのかを、数万個の有孔虫化石を分析して調べることで、過去の環境を「統計解析」できるようになります。つまり、化石を「データ」として利用できるというわけです。

実は、GSSPの候補には千葉だけ

ではなく、イタリアにある二つの地域も含まれていました。なぜ千葉セクションが選ばれたのか？　その理由のひとつは、地磁気のデータが優れていたことです。千葉セクションの地層には、磁性鉱物粒子が多く含まれていたため、過去の地磁気が変化する過程を正確に確認することができました。また地層も欠損しておらず環境の変化を連続して観察でき、さらに微化石も豊富に発見されるなど、いいことずくめでした。

地層はいわば地球が創り出した天然のデータベースです。そして、地磁気の逆転が起きた約77万年前とその前後の連続したデータが残されていたのが千葉セクションだったのです。

これがチバニアンの誕生と、それを研究する意義につながっています。

チバニアン時代の地磁気逆転

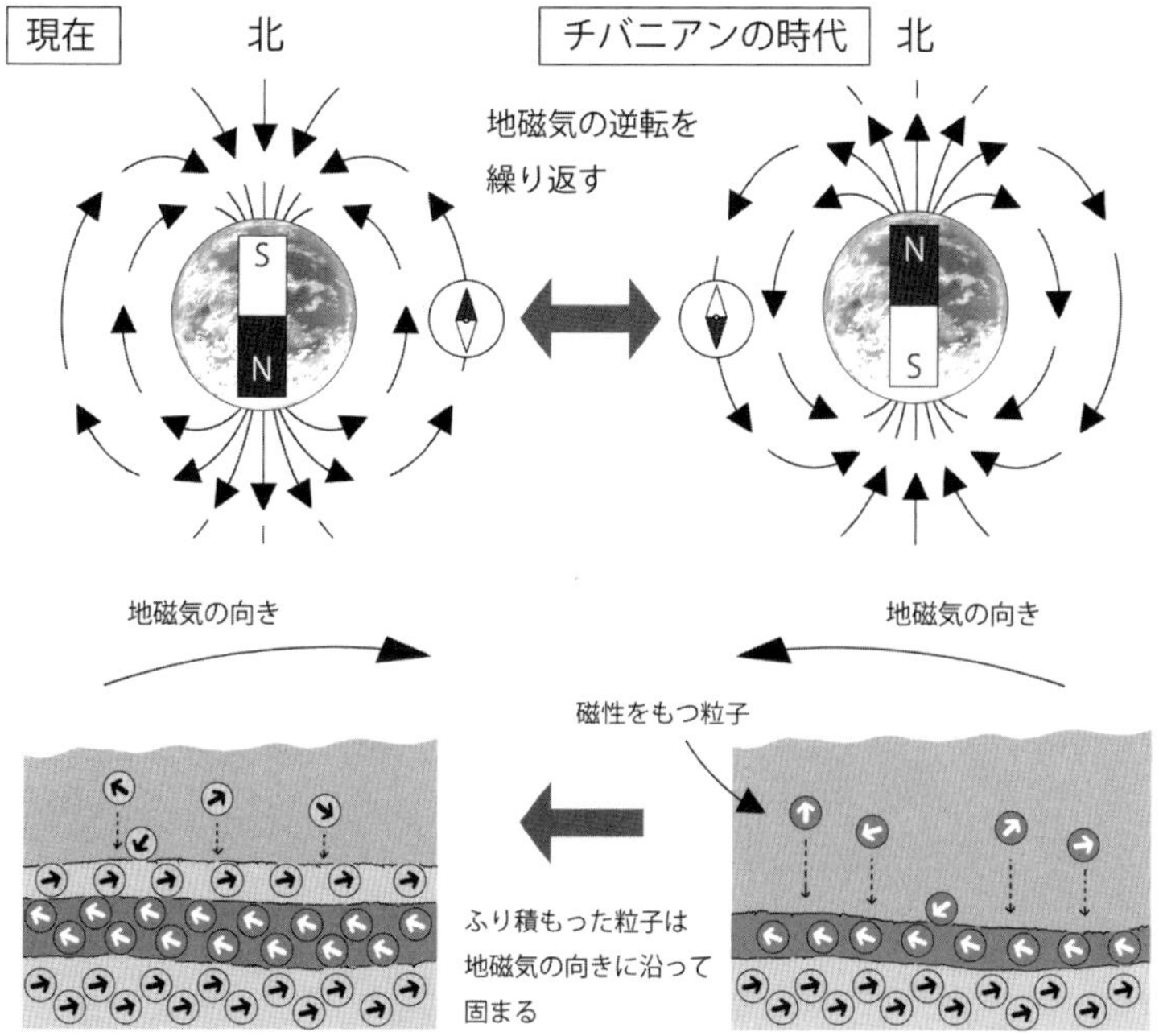

現在
北
チバニアンの時代
北
地磁気の逆転を
繰り返す
S
N
N
S
地磁気の向き
地磁気の向き
磁性をもつ粒子
ふり積もった粒子は
地磁気の向きに沿って
固まる

②《コラム》

まだまだすごい日本のご当地化石

恐竜発掘ブームの火付け役です！
全長十数メートル！日本にもこんなに大きな恐竜がいました。
MUSEUM SHOP

丹波市立丹波竜化石工房

丹波竜

（タンバティタニス・アミキティアエ）

画像提供　丹波市

まあ、私は恐竜ではないのですが……。
出口
入口
出口
出口

いわき市石炭・化石館 ほるる

フタバスズキリュウ（フタバサウルス・スズキイ）

画像提供　いわき市石炭・化石館 ほるる

二人の小学生が見つけたヤマガタダイカイギュウ。大阪大学の工事現場から発掘されたマチカネワニ。このような「ご当地化石」とも呼ぶべき化石は、実は日本各地に存在します。ここでは、そんな地元に愛されるご当地化石と、その標本が見られる博物館をさらにいくつかご紹介します。

国民的アニメに登場

ご当地化石の先駆けといえば、「フタバスズキリュウ」ことフタバサウルス・スズキイでしょう！　1968年、日本では中生代の大型爬虫類の化石は見つからないと考えられていた時代に、当時高校生だった鈴木直さんによって、福島県いわき市を流れる大久川で発見されました。「日本から大きな動物の化石が出た！」。そのニュースはのちの恐竜発掘ブームにつながり、某国民的アニメに恐竜キャラクターとして描かれたことも追い風となって、世代を超えて愛される国民的アイドル化石となったのです。もちろん、フタバサウルスは恐竜ではなく海棲爬虫類の首長竜の一種であり、そのことは現在では広く認知されていますが、恐竜と勘違いされなければ「ピー助」は誕生しなかったかもしれないし、ここまでの一大ブームは起こらなかったかもしれません。当時は、「恐竜」こそがわかりやすい夢の象徴で、それを叶えたのが、それらしい姿をしたフタバスズキリュウだったのでしょうね。

必然の発見

この地域は古くから炭鉱の町として有名でした。資源調査に地質学は不可欠です。多くの地質学者が調査したことで、イノセラムスやアンモナイトなどの化石がたくさん見つかり、ここに白亜紀の地層があることが明らかになりました。

フタバスズキリュウを発見した鈴木さんは、高校生にしてすでに多くの実績をもつ化石ハンターで、この地から白亜紀の脊椎動物化石が見つかると予想して調査をしていたといいます。たまたま川を散策していて見つかったのではなく、見つけられるべくして見つけられた化石だったというわけです。

化石を知るということ

フタバサウルスのタイプ標本は現在、国立科学博物館に収蔵され、その一部は上野に展示されています。また、復元された全身骨格は国立科学博物館のほか国内のいくつかの博物館で見ることができますが、発見の地で会うフタバサウルスは、また格別の味わいですよ！　地元の〈いわき市石炭・化石館ほるる〉では、入ってすぐのロビーでフタバサウルスが出迎えてくれます。時代を超えて同じ海を泳いだイワキクジラなどの同郷の化石たちに挨拶をしたら、常磐炭田の採炭の歴史を学ぶのもいいでしょう。化石を知るには、当時どんな生き物とどんな環境で暮らし、数千万年の間どんな土地の下で眠っていたのかを知ることも大切です。より理解が深まり、化石へのさらなる愛着が湧いてくるに違いありません。

友情が見つけた恐竜

フタバスズキリュウが新属新種のフタバサウルス・スズキイとして学名記載された2006年。兵庫県丹波市からも新たな「ご当地化石」が誕生しました。きっかけは、二人の地学愛好家が泥岩層の岩盤から見つけた灰色の突起物です。恐竜の骨であると推測した二人は〈兵庫県立人と自然の博物館〉に持ち込み、鑑定を依頼。読みどおり、恐竜の肋骨と尾椎の化石であることが判明し、2007年からの本格的な発掘調査を経て、2014年に新属新種の竜脚類として記載されました。

これが、現在「丹波竜」の愛称で知られる、この地域のご当地化石、タンバティタニス・アミキティアエです！　ほかのご当地化石もそうですが、どんな化石にも背景に熱い物語があるものですね。ちなみにこの学名は、化石が見つかった「丹波」の地名とギリシア神話の女巨人「ティタニス」、さらにラテン語で〝友情〟を意味する「アミキティアエ」を組み合わせてつけられました。この〝友情〟を指すのは、もちろん発見者二人のこと。なんていい名前なのでしょう！

国内最大級の恐竜化石

タンバティタニスの復元骨格は、化石が発見された兵庫県丹波市山南町にある〈丹波市立丹波竜化石工房〉で見ることができます。

タンバティタニスが分類される竜脚類は長い首と尾が特徴の非常に体の大きな恐竜で、タンバティタニスはその中では小型であるものの、それでも全長十数メートルと、国内で見つかった恐竜では最大級の大きさ！　館内に並べられたタルボサウルスやデイノニクスらとともに、堂々たる風格ででんと立つ迫力の姿を、ぜひ体感してきてください。

埼玉県立自然の博物館

カルカロドン・メガロドン

画像提供　埼玉県立自然の博物館

このたくさんの歯から長年の謎が解けた!?

令和2年度 特別展
埼玉記念物
秩父鉄道 上長瀞駅 から徒歩5分

次にご紹介するのは、埼玉県のご当地化石です。といっても、フタバスズキリュウや丹波竜のように、地層の名や地名にちなんだ愛称があったり、新属新種の化石として学名がつけられたりしているわけではありません。世界的によく見つかる化石ですが、でもこの化石、ちょっとすごいんです。

海なし県の巨大ザメが教えてくれたこと

新生代の海に、カルカロドン・メガロドンという超巨大ザメがいました。アメリカをはじめ世界中で歯化石が発見されており、広範囲に進出して大繁栄をとげたことがわかっています。

埼玉県長瀞《ながとろ》町にある〈埼玉県立自然の博物館〉には、1986年に深谷市の1000万年前の地層から発見された、このメガロドンの歯化石が展示されています。その数なんと73本！

サメの歯は一生のうちに何度も生え変わるため、歯の化石自体はバラバラとたくさん見つかります。しかし、軟骨魚類である彼らの体を構成するのは「軟らかい骨」であるため化石として残りにくく、発掘されません。つまり、太古のサメの体の大きさは、多くの場合でわからないということ。メガロドンもまさに、そうでした。手のひらサイズほどもある歯化石から、超巨体であることは予想されていましたが、その具体的な数字までは推定されていなかったのです。

埼玉で見つかった73本の歯は、極めて狭い範囲でまとまって発掘されたため、同一個体のものと考えられました。重要なのはココです！　まずそこから顎のサイズの割り出しに挑戦。そしてそれを現生のサメの顎と比較すると……そうです！　この歯化石の発見により、これまでわからなかった体の大きさがついにわかったのです！

この手法で再現された埼玉のメガロドンは、全長12メートルとされました。しかし、海外ではもっと大きな歯化石も発見されており、最大で15メートルを超えた可能性も指摘されています。現生のホオジロザメが全長4～5メートルなので、やはり超巨体ですね！

紹介したのはこちら

いわき市石炭・化石館 ほるる

市内で発掘された化石のほか、世界の貴重な化石資料を展示。常磐炭田の歴史も学べます。

HP https://www.sekitankasekikan.or.jp/

丹波市立丹波竜化石工房

丹波竜のマスコットキャラ、「ちーたん」が活躍。丹波竜を通して、丹波市の自然や歴史などを伝えています。

HP https://www.tambaryu.com/TDFL/index.html

埼玉県立自然の博物館

埼玉の自然、人のくらしと自然のかかわりをテーマとした自然系総合博物館です。

HP https://shizen.spec.ed.jp/

3章　日本で見られる世界のすごい化石

恐竜発掘のジオラマ

群馬県立自然史博物館

ガラス床の下に広がるボーンベッドの実寸大ジオラマ

訪れたのはこちら

群馬県立自然史博物館

群馬県の“生きた自然史”を中心に、地球と生命の歴史、自然の多様性とつながりを紹介する博物館です。

HP https://www.gmnh.pref.gunma.jp/

群馬県は富岡市に位置する群馬県立自然史博物館。博物館の規模や収蔵品の数などを含め、日本有数の博物館のひとつです。館内には恐竜の化石も数多く展示されていますが……

中でも目を引くのがトリケラトプスの発掘現場を実寸で再現したジオラマでしょう！ ガラスの床の下にボーンベッドのジオラマが設置されており、上から俯瞰する形で、発掘現場を観察することができます。

「タイムトンネル」を抜けて展示室へ！
1F
2F
常設展示室を入ってすぐの
最初のエリアに
化石などの展示があります

動くティラノサウルスも気になりますが……

ティラノサウルスロボット

骨が埋まってる!?

トリケラトプスのボーンベッド

発掘現場を知るためのキーワード

ここで使われている「ボーンベッド」という言葉は、厳密には本来の定義とは異なるものです。しかし、その雰囲気が十分に伝わる、大変に力の入った展示です。

おっと。「ボーンベッドって何のことだっけ？」という声が聞こえてきましたよ。では、展示をひとつひとつ見ていく前に、まずは基礎的な用語を解説しておきましょう。

ジオラマ展示の解説板を見てみると、いくつかのキーワードが目に入ってきます。「ボーンベッド」のほかにも、「ヘル・クリーク層」や「産状化石」など。他のページですでに出てきたワードもありますが、せっかくなのでここでまとめてご説明します。

「ボーンベッド」は英語で"bone bed"と書きます。bone はもちろん骨、bed とは地層のことです。すなわち、動物の骨の化石が密集した地層を指します。

例えば福井県勝山市にも日本を代表するボーンベッドがあります。福井県の恐竜発掘がニュースになるたびにこの言葉もセットで紹介されることが多いので、聞いたことや目にしたことがある人もいるのではないでしょうか。

恐竜が生きていた時代に川や湖などで地層が作られる際、骨などが特に集中した部分がボーンベッドになると考えられています。

そして、このトリケラトプスが発掘された「ヘル・クリーク層」も、河口域で堆積した地層です。

ヘル・クリーク層は北米のノースダコタ州、サウスダコタ州、ワイオミング州、モンタナ州にまたがる地層で、世界で最も有名な恐竜化石産地のひとつ。ティラノサウルスやトリケラトプスなどのスター恐竜をはじめ、恐竜ファンの間で人気の高いエドモントサウルスやアンキロサウルス、パキケファロサウルスなども発見されています。また、恐竜以外にも翼竜類などの化石も発掘されています。

ヘル・クリーク層が堆積したとされるのは、中生代末期の約200万年間。この時代の地球は亜熱帯で湿潤な環境だったと考えられています。

化石が発見された状況をそのまま残

したこのような化石は、特に「産状化石」と呼ばれます。

　ちなみに、このボーンベッドの展示に埋まっている骨は、一部を除いてトリケラトプスの実物の化石です。立派に組み上げられたトリケラトプスの全身骨格は日本各地の博物館で見ることができますが、その骨を発掘現場ごと展示しているのはここだけ！　骨格が展示されるまでの過程に、発掘現場ではこんなふうに骨が掘り出されているんだなということを知ると、ますますワクワクしてきませんか？（しますよね！）

この復元骨格は、床下にある実物化石の型で作られたレプリカで組み上げられています！

トリケラトプスの発掘現場をスコープ！

床下に広がる
ジオラマをよく見ると、
トリケラトプスの骨のほかにも
気になる展示がたくさん
ありますよ。

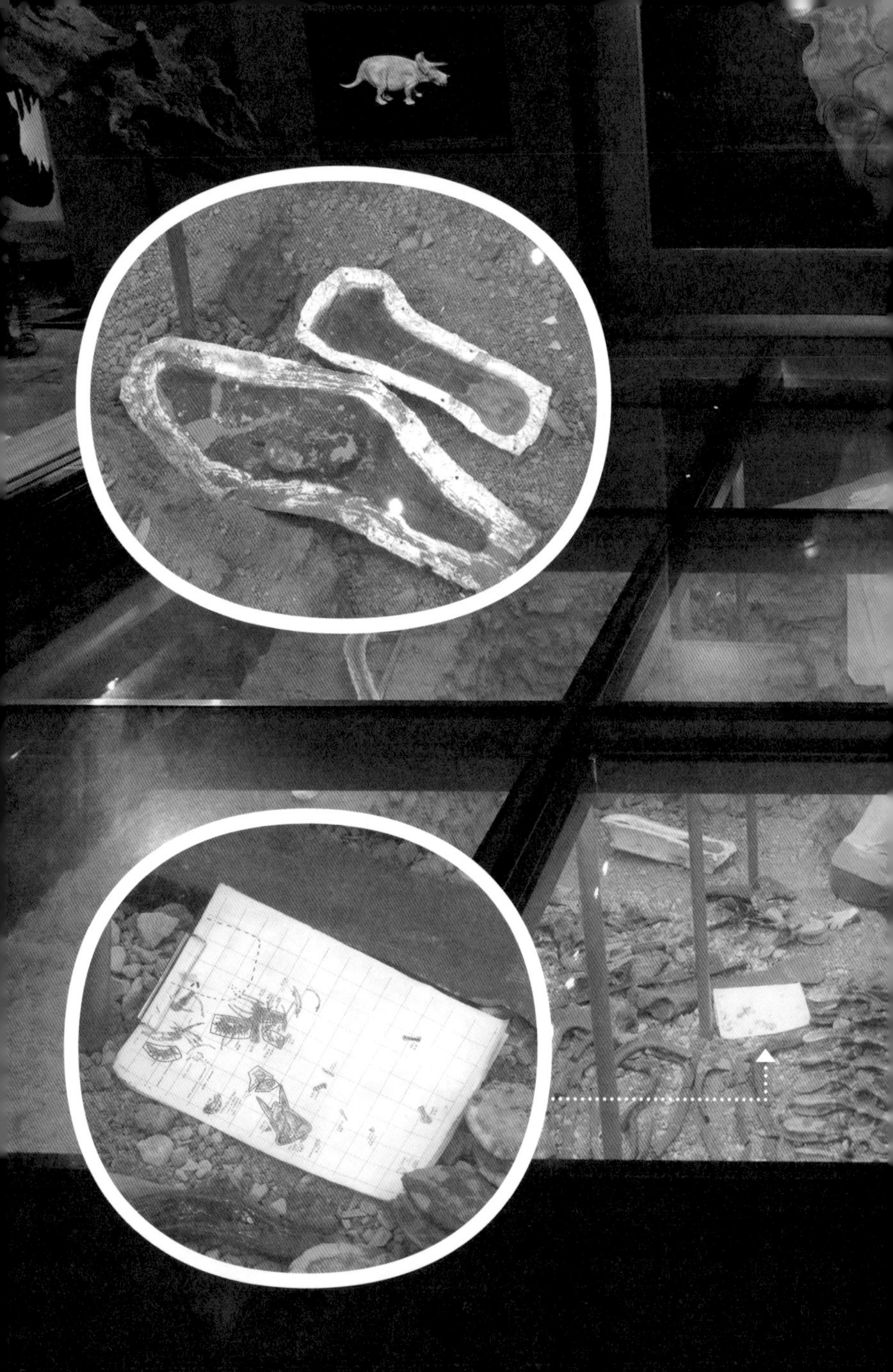

化石発掘の秘密兵器

発掘現場には、手ぶらで行くわけにはいきません。このジオラマにも発掘に欠かせない道具や小物がたくさん見えますね。

まず、化石を覆った白いものが目につきます。これは「石膏《せっこう》ジャケット」と呼ばれるものです。化石が含まれている岩を母岩《ぼがん》と呼びますが、母岩は発掘現場によって強度が様々であり、風化して崩れやすくなっていることも多くあります。そうした場合は、中の化石を保護しながら運搬する必要があるのです。そこで、発掘地では、母岩から露出した化石ごと石膏ジャケットで覆ってしまいます。骨折したときにするギブスのようなものですね。石膏ジャケットは、水に溶かした石膏液を含ませた布や新聞紙で化石と母岩を覆い、その上からさらに石膏液を塗り重ねて強度をもたせます。そしてジャケットが固まったら母岩から切り離し、安全に博物館や大学まで運びます。

プラスチック製の灰色の容器は「もろぶた」と呼ばれるものです。細かな化石を並べて収納するのに使います。

ちなみに、もろぶたは本来は調理器具で、お饅頭やお餅を運ぶのに現在でも使われていますね。それぞれの化石ともろぶたには番号が振られ、どの化石がどのもろぶたに収納されるかも詳しく台帳に記録します。

ジオラマの中には人物もいますね。発掘現場の人たちは、ほとんどの場合、このように帽子をかぶっています。タオルを首まで覆って熱中症を予防している人も見えます。日陰のない現場では、首を守ることも大事です。また、日本国内では発掘現場が山の中や切り立った地層の崖など険しい場所にあることも少なくなく、多くの現場でヘルメットの着用が必要になります。

そのほか、発掘現場では岩石を割るのに特化したハンマーや、記録台帳、個々の研究者が持つ野帳などが多く使われます。こうした細かい部分に注目しながらジオラマを見ていくと、違った発見が得られるかもしれません。

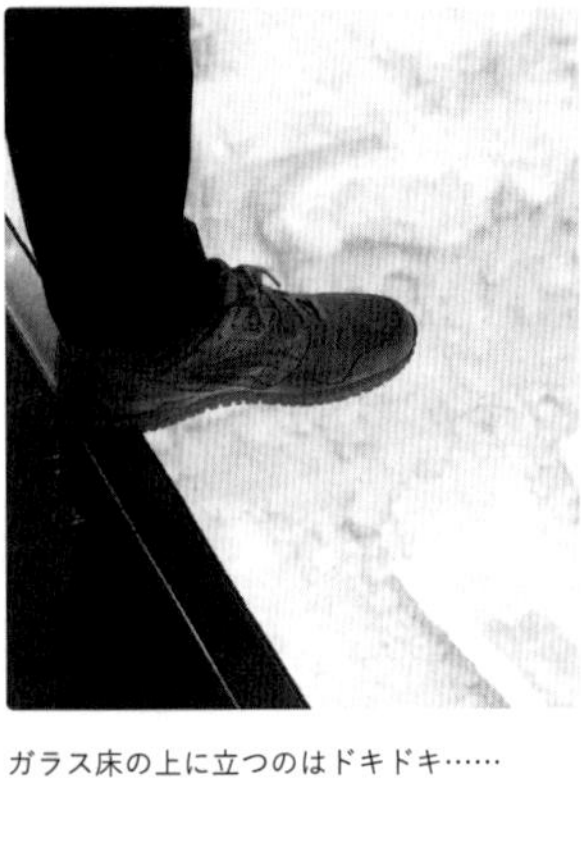

ガラス床の上に立つのはドキドキ……

最新の調査装備

この床下のジオラマは1996年の開館当時からの重要展示ですが、2024年現在の発掘現場では変化した部分もあります。

例えば、野帳。近年はスマホやタブレットのアプリも活用されるようになりました。地層の傾斜を測定するクリノメーターと呼ばれる機器や現場の大きさを測る測量機器もデジタル化されてきています。ドローンを飛ばして現地の様子を3Dデータとして記録する場合もあります。そのデータは研究所に持ち帰られ、メタバース内に配置されて、検証しなおしたり、現地に行けなかった研究者がバーチャル発掘に「同行」することもできます。こうすることで地形をより細かく検証したり、新たな発見につながることも期待されています。

発掘現場のジオラマは、「恐竜の時代」エリアの最初の目玉展示。板張りのフロアの中に突如現れる。

化石の傷からわかること

産状化石からわかることもたくさんありますが、化石自体にもその個体のケガや病気の履歴が刻まれていることがあり、そこから生活習慣や死因などが推測できることがあります。

ここ群馬県立自然史博物館に展示されている、そんな〝貴重な傷〟をもつ化石を二つご紹介しましょう。

まず、ナガスクジラ科の新種、インカクジラ・フォーダイセイ。背骨側に引っ掻いたような傷がいくつもあります。発掘時についた傷でしょうか？ いえ、犯人は他にいそうです。ここでクジラの口元をよく見てみましょう。なんと、サメの歯が！ 別の骨にはサメの歯が刺さっているのも確認できるので、背骨の傷はサメに襲われたときの傷と考えられます。

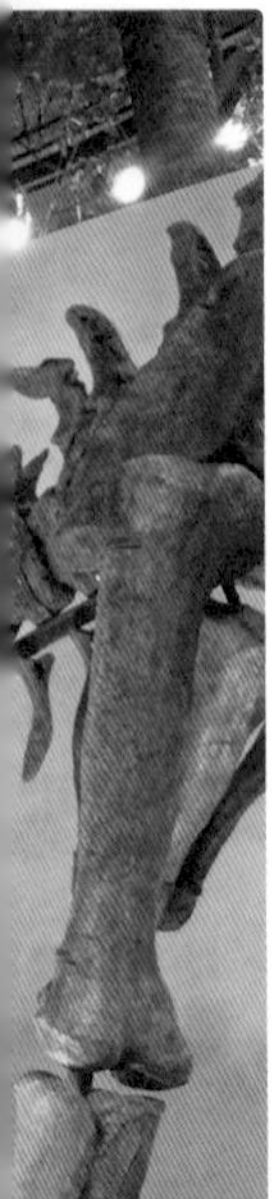

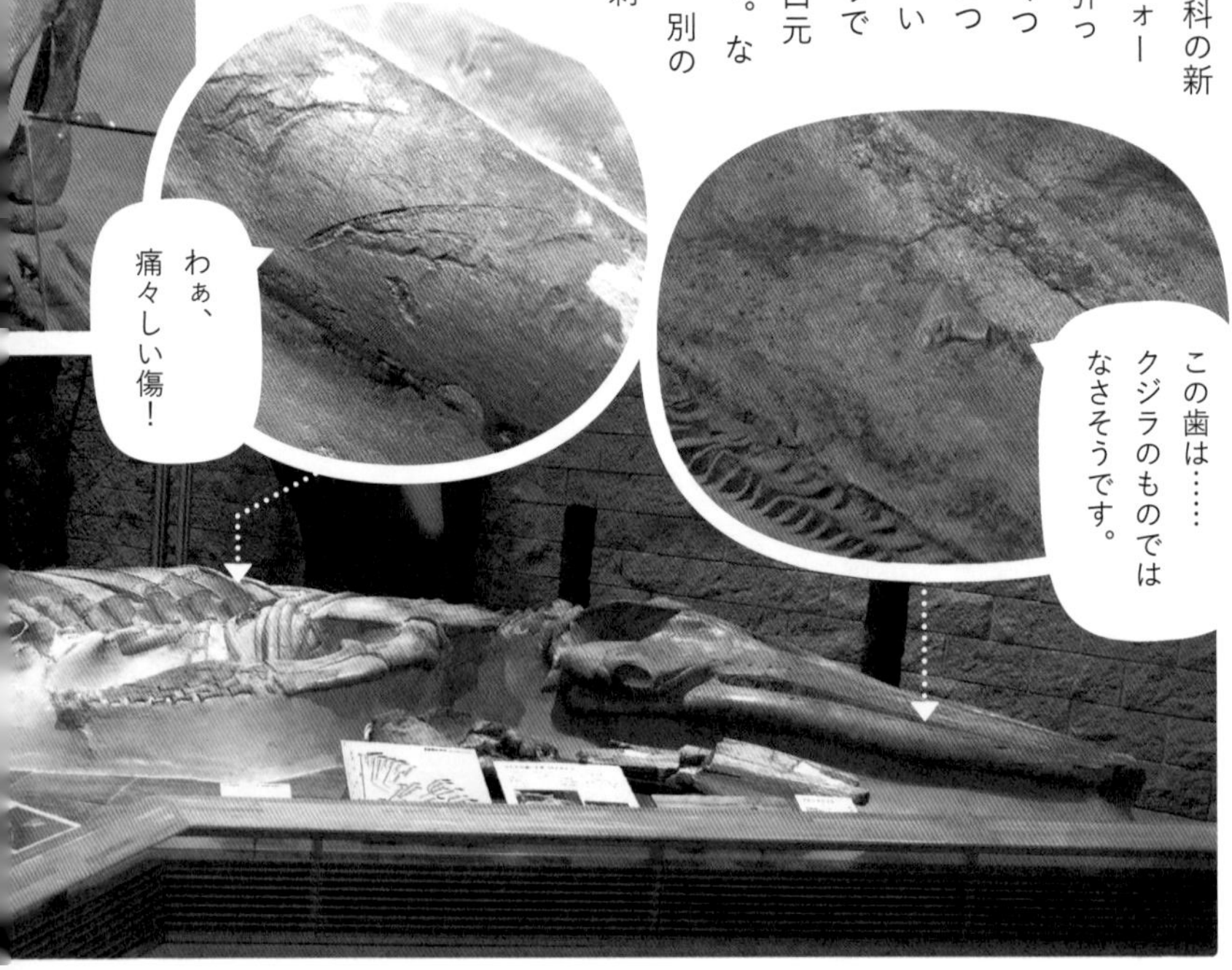
この歯は……クジラのものではなさそうです。
わぁ、痛々しい傷！

こちらの大きな恐竜はカマラサウルスです。この個体の尾椎からは、潜在性脊椎披裂（二分脊椎または潜在性二分脊椎とも）、骨関節症、汎発性特発性骨増殖症（DISH）という3つもの骨の病が確認されました。よく見るとその痕跡が目視できますよ。

大きな展示は、その迫力に感動して満足してしまうことも多いですが、こんなふうに細かいところにも注目すると、意外な事実が隠れているかもしれません。

道草メモ

群馬のご当地化石にも注目

群馬県といえば、神流町の恐竜足跡化石や大型哺乳類であるパレオパラドキシアなどの化石が数多く産出する場所であり、もちろんこれらの展示も館内で行われています。

中でも、ここで最後にご紹介したいのが「ヤベオオツノジカ」です！　「県の石」（101ページ参照）を見てみると、群馬県の化石は富岡市産のヤベオオツノジカが選定されているのです。

ヤベオオツノジカは新生代第四紀の中期～後期更新世に生息した日本固有のシカ類で、現生のシカからはイメージできないほど大きいのが特徴です。肩の高さは約1・7メートル。これに加えて幅約1・5メートルの大型のツノを左右にもっていたことがわかっています。

……と、数字を見ても今ひとつピンときませんよね。この迫力はぜひ博物館で体感してみてください。全身骨格のほか、壁には左右のツノが展示されていて、その大きさに驚かされますよ。

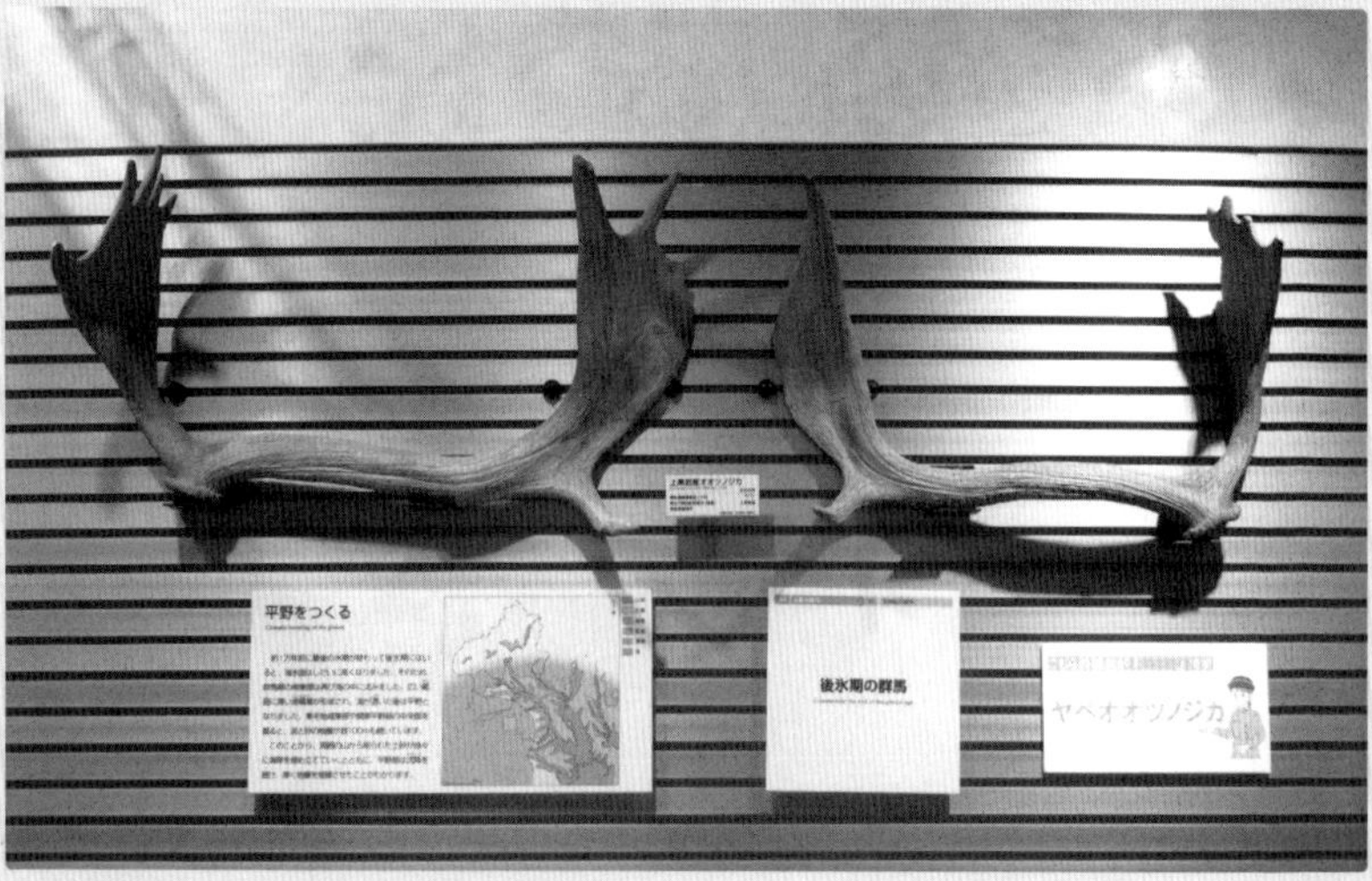

ティラノサウルスvsトリケラトプス

国立科学博物館

トリケラトプス *Triceratops*

ティラノサウルス *Tyrannosaurus*

訪れたのはこちら

国立科学博物館

東京・上野にある国内最大級の総合科学博物館。2万5000点を超える常設展、定期開催される特別展も人気です。HP https://www.kahaku.go.jp/

化石界の人気者、恐竜。その中でも特に高い知名度を誇るのが、ティラノサウルスとトリケラトプスです。

東京は上野にある国立科学博物館では、この二大スター恐竜が対峙する展示が見られます！

さっそく行ってみましょう！

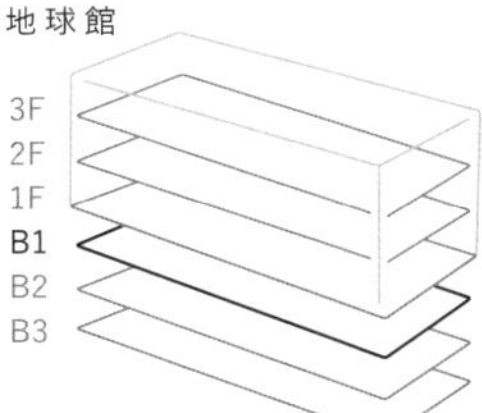
地球館
3F
2F
1F
B1
B2
B3

恐竜たちがいるのは、地球館地下1階です。

始祖鳥や、
発掘から展示までの解説を読みつつ歩みを進めると、
発掘から博物館に展示されるまで

あ、いました！
何やら物々しい雰囲気ですね。

本当に対決していたのか？

今や世界中でその名をとどろかせているティラノサウルスですが、彼らの化石は、アメリカとカナダからしか発見されていません。理由は、当時の地球環境にあります。

ティラノサウルスが暮らしていたのは現在の北アメリカにあたるララミディアと呼ばれる細長い大陸でした。ララミディアは恐竜時代の末期、後期白亜紀に存在した大陸で、当時の地球は現在よりも気温が非常に高く、世界中のあちこちが水没し、海に覆われていました。北米大陸も「ウエスタン・インテリア・シー」と呼ばれる海が長く東西を分断するように入り込んでいたため、西側の細長いララミディアと、東のアパラチアに分かれていたのです。ティラノサウルスはこの限られた場所で暮らしていたのですね。

ララミディア大陸のあった地層では、ティラノサウルスのほかにも恐竜の化石が大量に見つかっています。アンキロサウルス類やドロマエオサウルス類、ハドロサウルス類、ティタノサウルス類……、そして、ここに鎮座するトリケラトプスもララミディアの住人でした。

ティラノサウルスとトリケラトプスといえば、この時代を代表する二大スター恐竜！ そんなわけで、国立科学博物館をはじめ様々な博物館で対決シーンを再現した展示を行っています。実際、ティラノサウルスの噛み傷と思われる痕がトリケラトプスの化石から発見されたりもしているので、かつてそんなシーンが普通に見られたかもしれません。

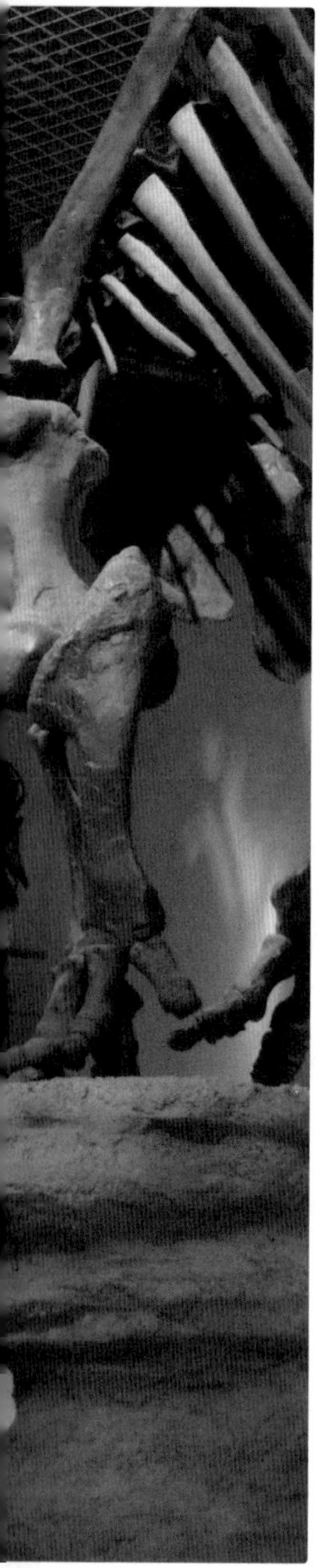

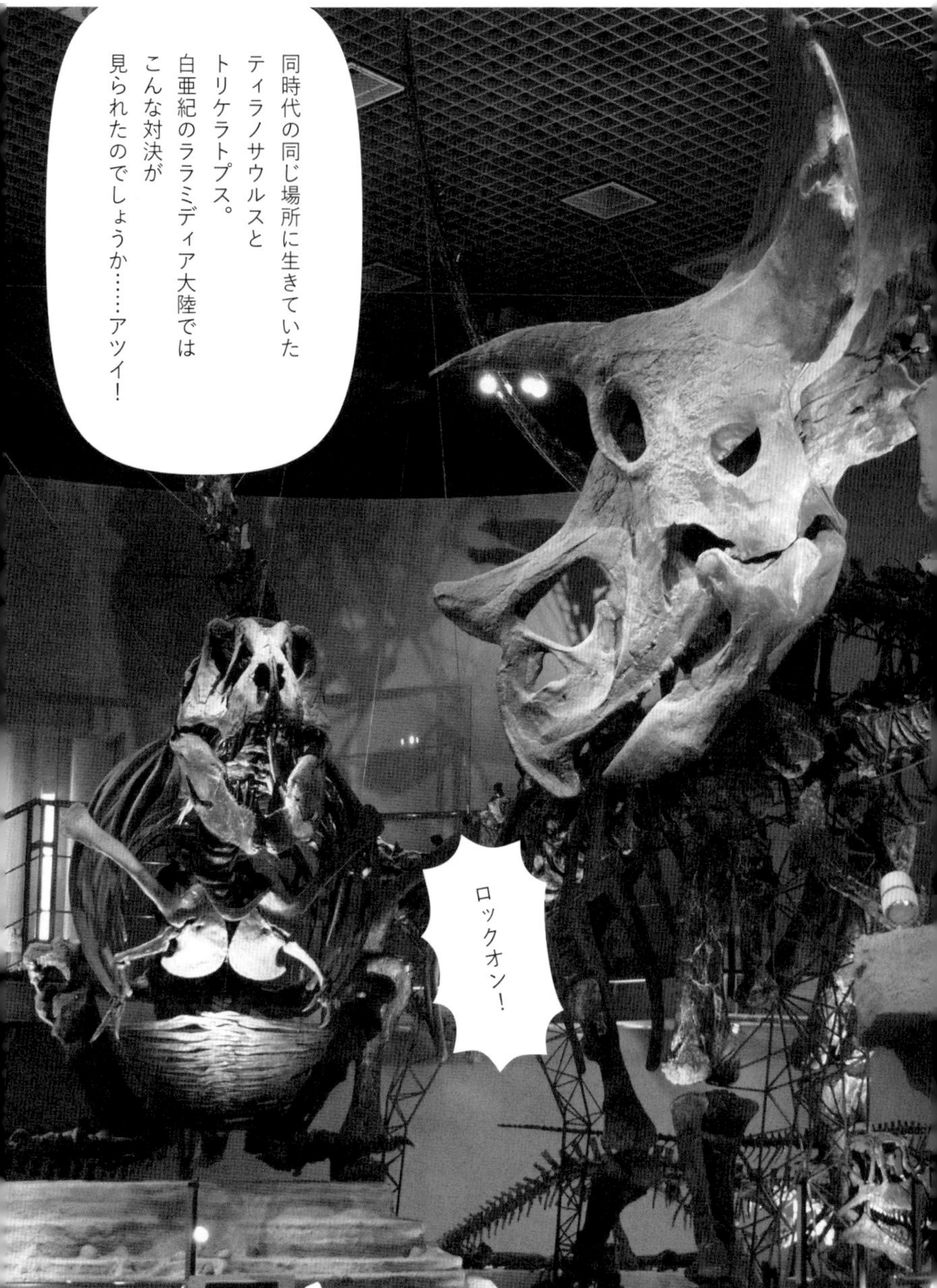
同時代の同じ場所に生きていた
ティラノサウルスと
トリケラトプス。
白亜紀のララミディア大陸では
こんな対決が
見られたのでしょうか……アツイ！
ロックオン！

このティラノ
どこか様子が
違うような…？
あれ？
座ってる？
この小さすぎる
前足は何に使って
いたのだろう？

それにしても見事な腹肋骨《ふくろっこつ》でしょ！

世にも珍しい
お座りティラノ誕生秘話

ティラノサウルスはいつの時代も同じ姿だったわけではありません。皆さんが知っているのは大きな頭を前に倒し、尻尾を後ろにピンと張り出した姿でしょうか。前後でバランスをとったこの復元姿勢は研究が進むに従って1980年代後半頃から広まったもので、映画『ジュラシック・パーク』にも大いに影響を与えました（『ジュラシック・パーク』の公開は1993年。グッドタイミングです）。

ではその前はどうだったかといえば、尻尾を地面につけて頭を高く上げた姿勢、そう、いわゆる「ゴジラ立ち」でした。逆の見方をすれば、初代ゴジラは当時の恐竜の復元図を基にデザインされた、ともいえます。

おもしろいことに、古生物学者にはゴジラをはじめ怪獣ファンが結構いて、恐竜の学名に「ゴジラサウルス（*Gojirasaurus*）」とつけた強者もいます（ゴジラの英語表記は本来"Godzilla"ですが、この学名では日本語の発音を尊重し、ローマ字読みの綴りが採用されたといわれています）。また日本でも、「もしも古生物が怪獣化したらどうなるか？」をテーマに、怪獣ファンの古生物学者、獣医師、一流造形師らが本気で考察した『怪獣古生物大襲撃』（技術評論社）が2022年に刊行されました（何を隠そう、私も監修者の一人です）。

……と、少し話が逸れましたが、ゴジラ立ちから前傾姿勢へ、ティラノサウルスの姿は、時代によって大きく変化してきたのです。

さて、ここで改めて国立科学博物館のティラノサウルスを見てみましょう。気がつきましたか？

なんと、座っています。

世界広しといえど、しゃがんだ姿で展示されているティラノサウルスは非常に珍しい。これは、対面にいるトリケラトプスを待ち伏せている、という意味が込められた展示で、もちろん、近年の研究に基づいて復元されました。

ティラノサウルスの小さく短い前足は、以前は何の役に立っているのかわかっていませんでした。しかし、コンピュータを用いたシミュレーションによって、しゃがんだ状態からこの前足を使って立ち上がった可能性があると指摘されたのです。このティラノサウルスは、まさにその状態からトリケラトプスに襲いかかるところなのかもしれません。

　このように、決して動くことのない化石に動作の瞬間のポーズをとらせることで、まるで動き出さんばかりの躍動感を与えた展示が、近年とても増えたように感じます。博物館の展示方法そのものも「進化」しているのです。

　ちなみに、国立科学博物館のティラノサウルスは北米のヘル・クリーク層から発見された「バッキー」と呼ばれる個体のレプリカです。バッキーは非常に保存状態が良く、叉骨《さこつ》（鳥類と一部の恐竜に見られる、左右の肩をつなぐ骨。暢思骨《ちょうしこつ》とも）や腹肋骨などがよく観察できます。

休憩タイムは、後ろ足と恥骨の３点で体を安定させ…

ちっちゃな前足で体を支えて
立ち上がっていたのではないかと
考えられています。

さて、
そろそろライバルが
待ちくたびれていますよ。
くるっと向きを変えて、
トリケラトプスの
展示へと参りましょう！

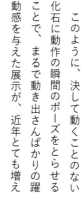

国立科学博物館が誇る二つのトリケラトプス

お座りティラノの次は……。
お眠りトリケラ!?

ここ国立科学博物館には、トリケラトプスが二つ展示されています。いい標本が二つあるからどちらも飾ってみた、というわけではありません。それぞれに見てもらいたいポイントがあるのです。

トリケラトプスって、
こんなにシュッと
立ってたっけ？

復元姿勢を覆した奇跡の化石

まずは横たわっているトリケラトプス、通称「レイモンド」の標本から見ていきましょう。通常ではあまり見られない姿で展示されていますが、これには納得の理由があります。

この化石は世界的に見ても非常に保存状態の良いもので、頭部から腰までがつながった状態で発見されました。そのため、あえて骨をバラバラにして組み立てるのではなく、つなげたままの状態で展示したのでしょう。この標本を調べたことで、長年の疑問に対する新説も発見されたんですよ。

その「新説」を復元したのが、ティラノサウルスと対峙するように展示された立ち姿勢のトリケラトプスです。

足のつき方に注目してください。

かつてトリケラトプスは肘を外側に突き出したガニ股の姿勢で復元されることがありました。でもそれって、体からまっすぐ足を伸ばすはずの恐竜としては不自然な姿ですよね。

新説では、ガニ股ではなく脇を締めて「小さく前へならえ」の形で歩いていたとされ、このトリケラトプスもその説に基づいた復元がされています。

脇を締め、手首を横に曲げて、手を前ではなく外側に向けている。

奇跡の化石ができるまで

全身が揃った化石の標本は、なぜそれほど珍しく貴重なのでしょう。それは、化石ができる過程と関係しています。生き物が死んでも必ず化石になるとは限りません。普通、生き物が死んだらまず体のやわらかい部分が他の生物やバクテリアに食べられ、また骨同士をつなぐ関節部分にある軟骨が自己融解したりしてバラバラになります。

そして長い年月の間に骨や殻などのかたい部分も風化して崩れてしまいます。

しかし、川や海の底でたまたま土や砂に埋もれた場合は、骨格などが残ることがあります。そしてその後も地層がどんどん上に降り積もり、その重みで水が抜けたり、鉱物が沈殿したりして化石となっていきます。

こうした地層が地殻変動などで地上に現れ、それがたまたま人間の目に触れることで初めて化石として発見されます。このため、化石が見つかること、ましてや体の全部がほぼ完全な状態で見つかることは極めてまれなのです。

レイモンドは、地上側にあった左半身は長い年月の間に風化侵食してなくなってしまいましたが、地中に埋もれた右半身は、風化や損壊から免れやすい環境にあったのでしょう。結果として、埋もれたその姿のまま、発掘され展示されるに至りました。まさに奇跡の化石ですね。

ところで、ティラノサウルスのバッキーはレプリカですが、ここに横たわるレイモンドは実物標本。なんと、世界的に最も保存状態の良いトリケラトプスの標本のひとつに、ここ上野で会えるのです！

というわけで、この展示の前でもう少し解説を続けますよ。

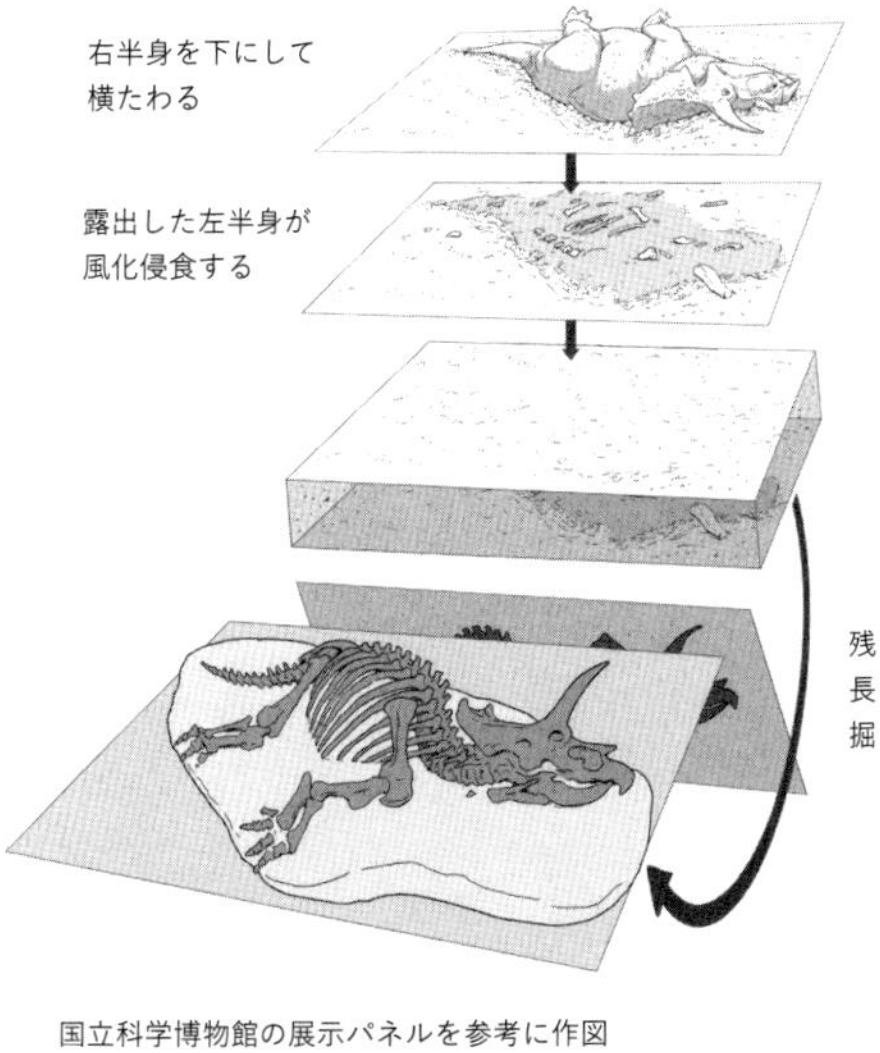

右半身を下にして
横たわる
露出した左半身が
風化侵食する
残った右半身のみが
長い年月を経て
掘り起こされる

国立科学博物館の展示パネルを参考に作図

巨大恐竜、最後の楽園

トリケラトプスのレイモンドは、1930年代にアメリカのノースダコタ州で回収されたものです。ティラノサウルスのバッキーと同じく、ヘル・クリーク層の露頭から産出しました。

二大スター恐竜が眠っていた、ヘル・クリーク層。気になりますよね。群馬県立自然史博物館のページでも説明しましたが（144ページ参照）、ここでもう少し詳しく見ていきましょう。

かつてティラノサウルスやトリケラトプスが暮らしたララミディア大陸があった地層は、現在、アメリカからメキシコまでの広い範囲に残されています。

中でも中生代白亜紀最後の200万年ほどの間に堆積したのが、ノースダコタ州、サウスダコタ州、ワイオミング州、モンタナ州にまたがるヘル・クリーク層。氾濫原や河口域だったところとみられ、ほかにも多種多様な動植物の化石が見つかっています。

温暖湿潤な環境が豊かな生態系を生み、植物においては花を咲かせる被子植物が爆発的に増えた時代。ティラノ

おっと、背後に気をつけろよ！
ここは食べ物も豊富で暖かくて、住みやすいね♪
…って、えー!!

サウルスやトリケラトプスが歩くすぐそばでは、セコイヤの巨木や、クルミやイチジクの木も見られたようです。そして、被子植物の台頭はそれを食べる昆虫の繁栄を促し、さらにそれらを食べる小動物の繁栄にもつながりました。

このように、化石が産出した地層を調べれば、彼らが見た景色をイメージすることもできます！　そして、この楽園が、白亜紀末の大量絶滅によりもうすぐ終わりを迎えるということも……。

古生物学は、化石だけを研究対象にしているわけではないのですね。

では、最後にこちらの展示をご紹介しましょう。

恐竜たちの最後を知る地層の標本

恐竜たちが立ち並ぶフロアの突き当たりに、地層の標本が展示されています。これは、アメリカのコロラド州デンバーにあるK／Pg境界の地層です。

K／Pg境界とは、恐竜時代である中生代白亜紀と、そのあとの時代である新生代古第三紀の境目です。つまり、恐竜をはじめとした多くの動植物が大量絶滅し、生態系がガラッと変わった時代の地層！ 大量絶滅の原因が、ここに残されていそうですね。

実際、この地層には、地表においては極めてまれな元素であるイリジウムが高濃度に含まれています。

白亜紀末の大量絶滅は、昔は「系統としての老化」説や「火山噴火」説など様々に議論されてきましたが、このイリジウムが隕石によってもたらされた可能性が指摘され、これを証拠のひとつとして、現在では、巨大隕石の衝突による環境変動が大量絶滅を招いたとする説が有力視されています。地層から、そんなこともわかるのです！

さて、このフロアに展示されているK／Pg境界の標本は、二つあります。

一つは「剥ぎ取り標本」と呼ばれるもので、実際の地層の表面に特殊な接着剤を染み込ませて、それを剥がして標本にしたものです。山形県立博物館のヤマガタダイカイギュウの展示にもありましたね（95ページ）。剥ぎ取り標本は実際の地層をそのまま持ち帰ることができるため、恐竜の研究以外にも、地震の活断層の研究などにも使われる手法です。

そしてもう一つが地層のレプリカです。地層を3Dスキャナで精密に計測し、そのデータを三次元NC加工機と呼ばれる機械で復元したものです。さらに地層の色情報を立体印刷し、最後に人の手で仕上げを行っています。本物ではありませんが、地層の構造を正確に再現しています。

標本の上のモニタでは、マルチコプター（通称ドローン）で上空からK／Pg境界を立体的に計測した情報が示されています。この技術により、K／Pg境界が広い範囲でどのように分布しているかがわかりました。

このように、現在の古生物学は、最新の計測機器を使うことで急速に進化しています。

大きな骨格標本と比べると、
一見地味な展示ですが、
恐竜たちの最後を物語る
地層の標本だと思って
改めて見てみると、
何か感じるものがありませんか？

コラム ③

時空を超えて日本にやってきた世界の化石

蒲郡市生命の海科学館

アノマロカリス

このエビのような形のものはなんだろう？

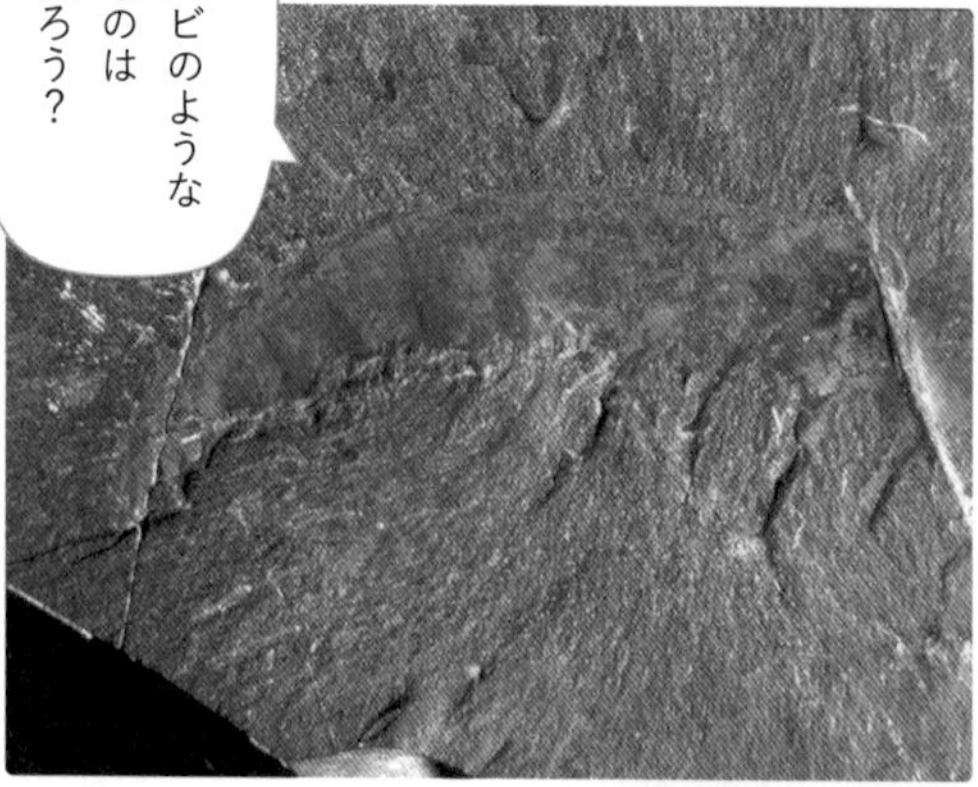

ハルキゲニア

群馬県立自然史博物館

ディメトロドン

世界中から産出する多種多様な化石は、日本から見つかるものもある一方、その多くが日本からは産出しません。しかし、博物館に行けば、日本にはいないはずの世界の化石にすぐに会うことができます。展示室でいつも私たちを出迎えてくれるティラノサウルスやトリケラトプスといった超人気恐竜も、気が遠くなるほどの時間と空間を超えて、今、私たちの目の前にいるのです！　もうそれだけで、胸が熱くなってきますよね。

日本の博物館には、ほかにもまだまだ、時空を超えて私たちに会いにきてくれた化石標本がたくさんありますよ。

5億年前からやってきた

例えば、こんな化石を見たことはありませんか？　石板にうっすらと張り付いた、甲殻類や昆虫などを思わせる、ギザギザした何か……。

もちろん、新しい時代の甲殻類や昆虫である可能性もありますが、その姿に見覚えがなく、どこか「奇妙な感じ」を覚えたなら、それらはカナダの5億年前の地層からやってきたカンブリア紀の古生物たちの化石かもしれません。日本で見られるものとしては、アノマロカリスやハルキゲニアの標本が有名です。

5億年前といえば、恐竜たちがいた中生代よりもっともっと前、地球上に生命が誕生し、徐々に多様化する中で、ようやく「食う・食われる」の生存競争が本格化した時代。一見頼りなさそうに見える彼らですが、5億年の時を超えて化石が残っているのですから、当時の地球で、かなり繁栄していたものと考えられています。

カンブリア紀から続く生命の歴史を学ぶ

アノマロカリスやハルキゲニアは古生代のティラノサウルスのような存在なので、化石を扱っている多くの博物館に展示されています。

しかし、彼らの時代をより深く知るなら、愛知県にある〈蒲郡市生命《いのち》の海科学館〉を訪ねてみましょう。海を舞台とした生命の誕生と歴史をテーマに展示が構成され、カンブリア紀の古生物たちも、丁寧な解説とともにいくつもの化石を見ることができます。

また、カンブリア紀の化石のほかにも、アンモナイトや三葉虫、魚類、海棲爬虫類の展示も充実。ホールの中空には首長竜の一種であるタラソメドンの復元骨格が吊られていて、下からは頭上を泳ぐ迫力の姿が、3階に上がると近くで顔が観察でき、こちらもおすすめです。

群馬で会えるディメトロドン

アノマロカリスやハルキゲニアは、生命の舞台が海にしかなかった古生代の初期、カンブリア紀に生きた古生物たちですが、同じ古生代でも億年単位の時が進むと、生き物たちの一部は背骨をもち、手足をもち、ついに陸上へ進出します。そうして、古生代最末期のペルム紀と呼ばれる時代になると、我々哺乳類の遠い祖先といわれる単弓類が台頭し、地球上を席巻しました。

単弓類といえば、なんといってもディメトロドンです！　背中に帆をもった、爬虫類のような姿をしています。

ディメトロドンも人気の高い古生物で、国内の博物館でよく目にしますが、3章で紹介した〈群馬県立自然史博物館〉には実物化石で組まれた全身骨格が展示されています。トリケラトプスの発掘現場ジオラマのすぐ近くにいるので、ぜひ立ち寄ってみてください。

全身骨格のそばには足跡化石もあり、ディメトロドンがペルム紀の陸地をどんなふうに歩いていたのか、思いを馳せることができます。

古生代に我々の祖先がいた

ところで、「我々哺乳類の遠い祖先といわれる単弓類」という説明に引っかかった方もいるでしょう。

「え？　恐竜でしょ？」「恐竜より前の時代に哺乳類の祖先がいたの？」そんな声が聞こえてきそうです。

実は、あのような見た目をしていますが、単弓類は中生代に栄えた恐竜とは別系統のルーツをもつ古生物で、爬虫類でさえありません。

ディメトロドンの属するスフェナコドン科に近い系統から獣弓類が進化しますが、この獣弓類こそが現在の哺乳類につながるグループで、もっというと、哺乳類も獣弓類に含まれます。つまり、哺乳類は現在に生き残った唯一の単弓類なのです！　ペルム紀末に起こった大量絶滅で単弓類の楽園は一度終わりを迎えますが、次に台頭した恐竜たちが中生代白亜紀末の大量絶滅で姿を消すと、生き延びていた一部の単弓類から進化した哺乳類が、新生代の頂点に立つことになります。

進化の物語は、なんてドラマチック！　博物館に並んだ各時代の化石は、地球にどんな生き物が出現し、そして滅んでいったのか、5億年の生命の歴史を私たちに教えてくれます。

でかっ！

北九州市立自然史・歴史博物館　いのちのたび博物館

ディプロドクス

画像提供：北九州市立自然史・歴史博物館

コラム②で、丹波市から発見された「丹波竜」ことタンバティタニスをご紹介したのを覚えていますか？
　タンバティタニスを含む竜脚類は、長い首と尾をもつ体の非常に大きな恐竜で、タンバティタニス自身も大きいですが、世界からは30メートルを優に超えるような種も報告されています。
　30メートル。日本の博物館でこの大きさの全身骨格を展示しようと思ったら、首や尾を曲げたり、他の恐竜たちと場所を譲り合いながらスペースを確保する必要があり、その迫力ある姿を間近に体感するのはなかなか難しそうですね。
　ところが！　実はそれを実現しているところがあるのです！　というわけで、最後にご紹介するのは、〈北九州市立自然史・歴史博物館（いのちのたび博物館）〉のディプロドクスです。

大きさを体感せよ

　ディプロドクスは竜脚類でも特に大きな恐竜のひとつで、ここにある全身復元骨格は、全長なんと35メートル！首も尾も曲げずに展示されています。誂《あつら》えたかのような長い回廊を利用し、「35メートルって何歩かな？」と横を歩いてみるもよし。吹き抜けになっているので、2階のデッキから見下ろして35メートルの長さに慄《おのの》くもよし。存分に、その大きさを楽しみましょう。

進化を体感せよ

　ディプロドクスが置かれた回廊は、常設展入り口から突き当たりまでおよそ１００メートル続くメインの展示エリアで、古生代から順に、中生代、新生代へと化石が時代ごとに並べられています。展示の横を歩きながら進化を体感できる、なんとも心憎い演出ですね。頭上には悠然と翼を広げる翼竜や、優雅に泳ぐ首長竜やモササウルス類、さらにスピノサウルスの姿もあり、空間を利用したダイナミックな展示にもワクワクが止まりません！　「ぽけっとミュージアム」と呼ばれる展示スポットや、白亜紀の世界を再現したエンバイラマ館など、ほかにも見どころ満載の博物館です。

紹介したのはこちら

蒲郡市生命の海科学館

蒲郡駅から徒歩3分、海の町にある科学館。海の生命の歴史をテーマに隕石や化石を展示しています。

HP https://www.city.gamagori.lg.jp/site/kagakukan/

群馬県立自然史博物館 ※142ページ参照

北九州市立自然史・歴史博物館
いのちのたび博物館

「いのちのたび」をコンセプトに、生命の進化の道筋と人の歴史に関する展示を行っています。

HP https://www.kmnh.jp/

付録一 日本のすごい街中化石

! 街中に潜む化石を見つけよう

1

化石が見たいなと思ったとき、皆さんはまずどこへ行きますか？

博物館？　そうですね、本書でも博物館で見られる化石をたくさん紹介してきました。では街中はどうでしょう？　日本の街中で化石が出てくるような地層を探すのはなかなか難しいですが、私は街を歩いていて、ふと化石を発見することがあります。それはビルの壁や床、地下鉄の柱など。そこに使われている石材は、海外から輸入された石灰岩などを磨いたもので、その中に埋まっていた化石の断面がたまたま見えていることがあるのです。

いつも暮らしている日常空間に潜む化石、ワクワクしませんか？

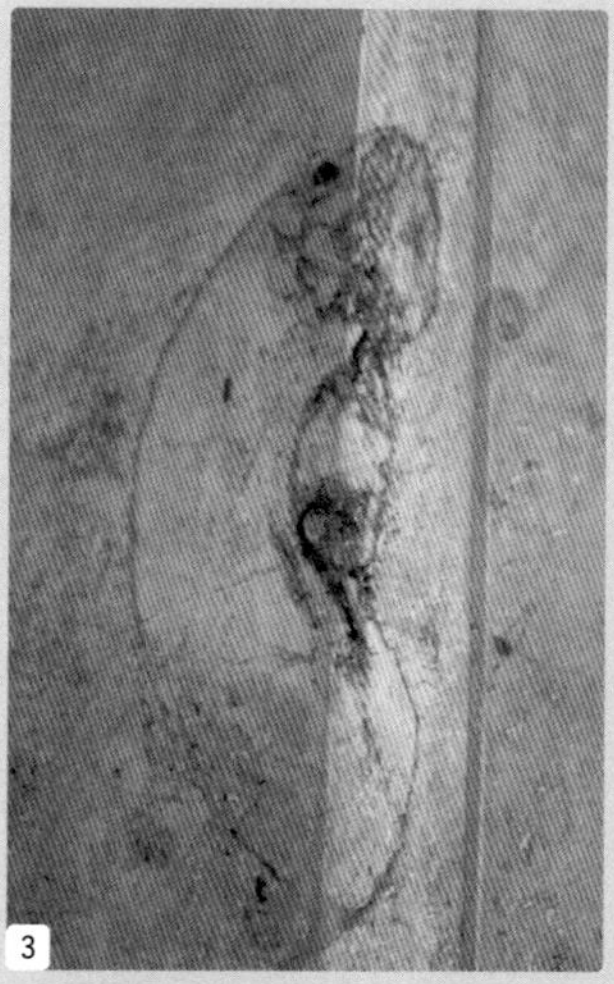

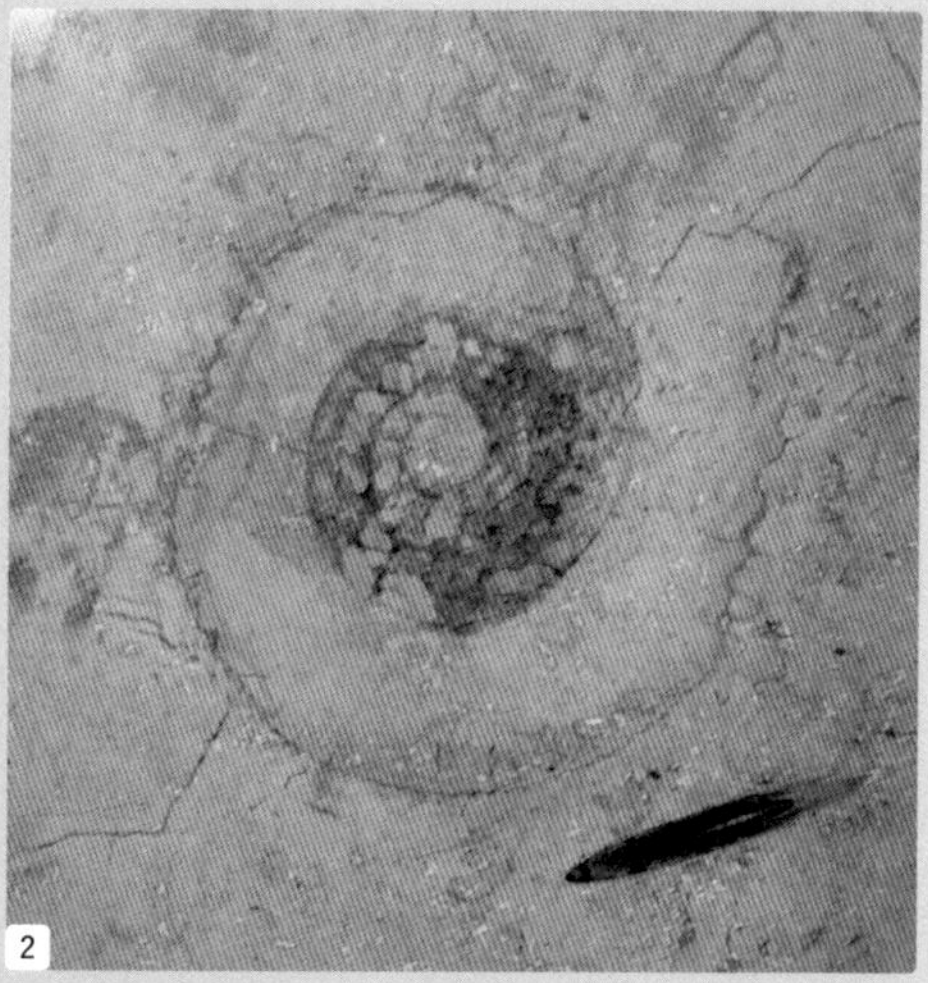

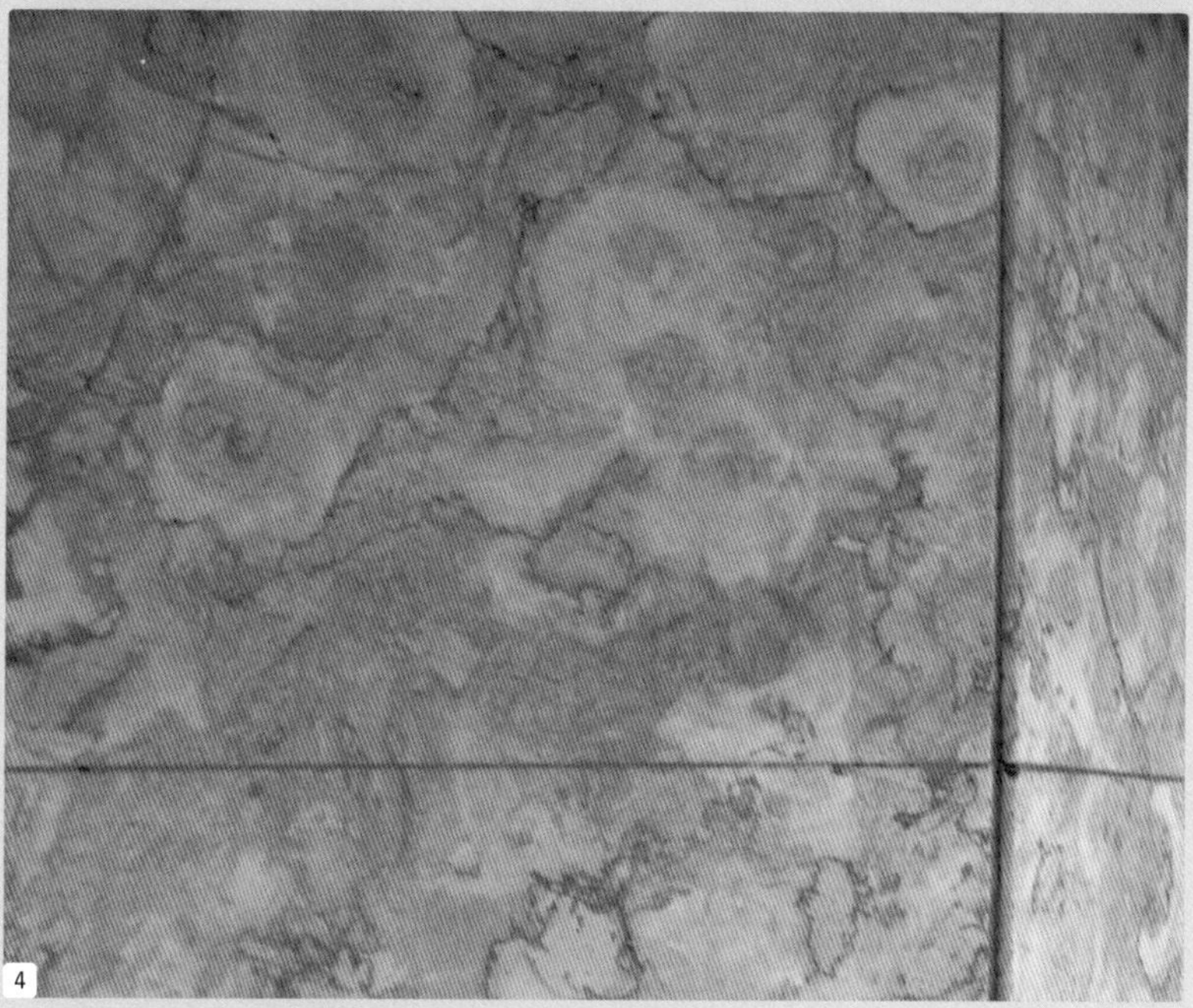

1 地下鉄の駅の柱でよく見られるアンモナイト化石の例。2 柱や壁などの石材に潜むアンモナイト化石。縫合線のギザギザが観察できる。直径約15cm。右下に矢石（ベレムナイトと呼ばれる頭足類の仲間の体内にあった殻の化石）も見える。3 埋まっているアンモナイト化石が石材の角部分にある場合、縦断面と横断面の二つの断面を同時に見ることができる。4 東京メトロ銀座駅にかつてあった柱（現在は撤去）。たくさん並ぶ円形は厚歯二枚貝の化石断面。

街中化石の探し方

！石灰岩と大理石

化石が埋まっている、柱や壁。その石材である[5]石灰岩は、「堆積岩」の一種です。堆積岩は砂や泥が水中で長い年月をかけて積み重なってできたもので、しばしば化石を含みます。その中でも、炭酸カルシウムを50パーセント以上含むものを石灰岩と呼び、すべての堆積岩の約2割を占めるといわれています。メジャーな岩石なので、よく石材に利用されるということですね。

石灰岩の中では、アンモナイトなどの化石は色々な角度で入っています。そのため、きれいに切り出された石材では、縦、横、斜めなど、化石のあらゆる断面が観察できます。

また、石灰岩がマグマの熱によって焼かれ、変成した[6]「大理石」も石材としてよく用いられますが、こちらは残念ながら化石が入っていることはあまりありません。

今さらですが、「化石」についておさらいしておきましょう。

化石という言葉から、生物の遺骸がカチコチに石化したイメージをもたれることも多いですが、実は厳密な定義はありません。とはいえ、便宜上は、その中でも1万年以上前のものを「化石」と呼ぶことになっています。生物が死ぬと、まずは肉などの軟組織が腐り、そして骨などの硬い組織も時間をかけて失われてしまいます。しかし川底や湖、海などに遺骸が埋まった場合は、骨や殻などが分解されず、保存されることがあります。その上に時間をかけて堆積物がさらに積もり、地層ができます。こうした地層が地殻変動によって地上に現れ、さらに河川などで削られて断面が見えると、初めて私たちの目に触れることになります。

！主にどんな化石が見られる？

化石には様々な種類があります。例えば、生物の体の全体または一部が保存され、肉眼で観察できる大きさのものを「体化石」と呼び、アンモナイト化石などはまさに体化石です。

一方で、顕微鏡でしか観察できないほど小さなものは「微化石」と呼ばれ、石灰岩にもよく含まれています。写真の5石灰岩は「フズリナ」と呼ばれる有孔虫が集まったものです。フズリナは単細胞化石でありながら1センチメートル近くの大きさになり、微化石とはいいつつ肉眼でも観察できます。米粒のような形で、切り出された断面によって円形や紡錘形に見えます。また断面には螺旋状の構造が確認できます。

[街中多産化石①] アンモナイト

街中で出会う機会が最も多い化石は、なんといっても7アンモナイトです。最大の特徴である大きな殻は「螺環《らかん》」と呼ばれ、炭酸カルシウムでできています。

特によく観察できるのが、地下鉄駅構内。柱や壁に「ジュライエロー」と呼ばれる石灰岩の石材が多く使われており、その中に多数のアンモナイト化石と一緒に、8矢石などの化石が見られることもあります。アンモナイトの殻のぐるぐるは遠目にも発見しやすいので、地下鉄を利用されるときは、柱や壁に特徴的なぐるぐるがないか探してみてください。

[街中多産化石②] 厚歯二枚貝

9厚歯二枚貝は、ジュラ紀後期から白亜紀末期にかけて生息した二枚貝で、片方の殻だけが大きく成長し、ヘチマ状の形をしています。今はもうありませんが、東京メトロ銀座駅にはかつてこの化石が埋まった柱があり、ヘチマ状を横に切ったような断面の円形がよく観察できました。

5 フズリナの一種が堆積してできた石灰岩。（地質標本館登録標本GSJ R57862）6 大理石（地質標本館登録標本GSJ R17360）7 アンモナイト化石の断面（著者所蔵）。8 矢石の標本（著者所蔵）。9 オマーンのアルフーフ砂漠で観察できる厚歯二枚貝。全長約30cm。

街中化石、どこで見つける？

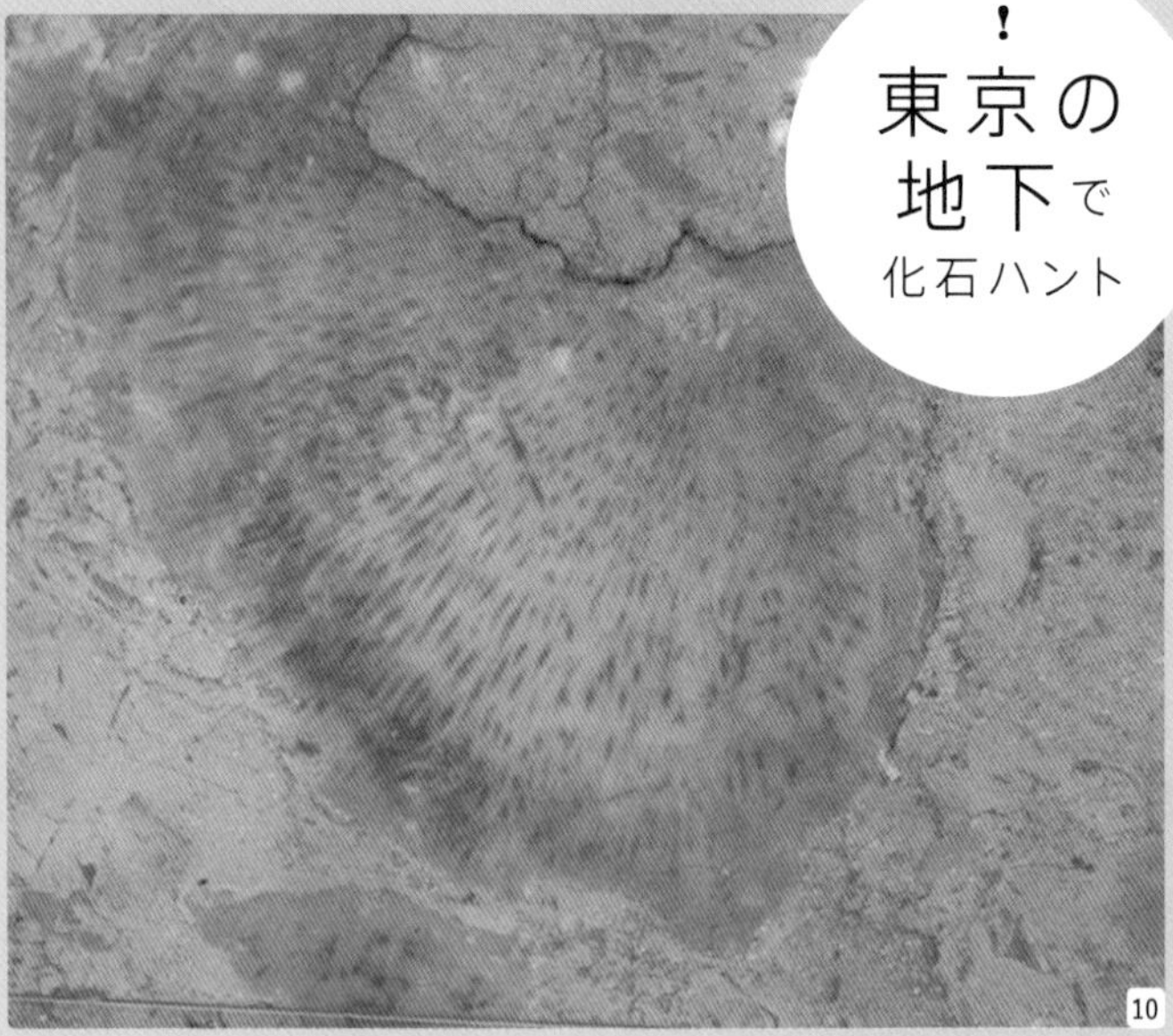

東京駅八重洲地下街にあるサンゴ化石。幅約20cm。

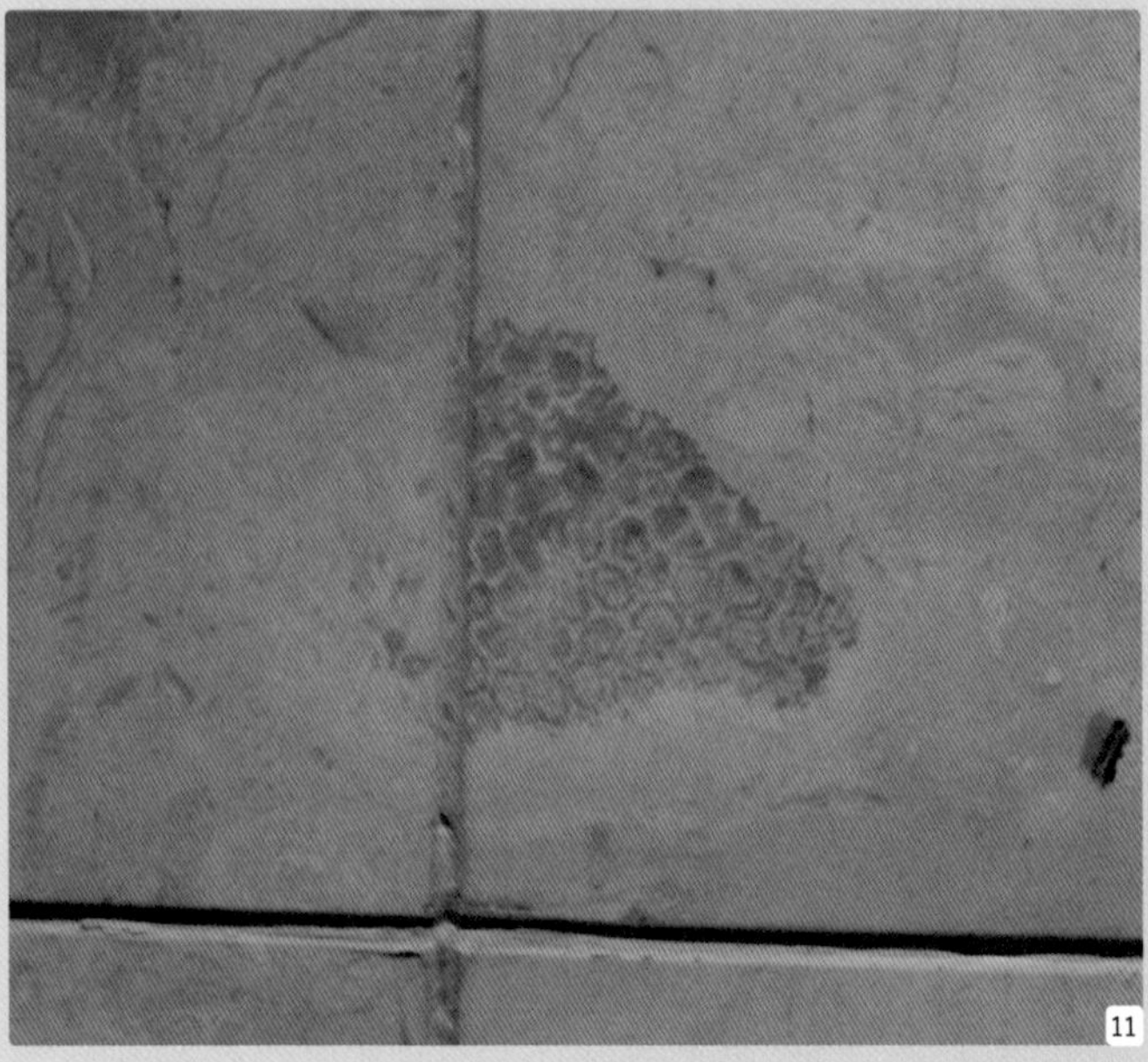

ハチの巣状に見えるサンゴ化石。東京駅の地下通路で2018年に撮影（現在は撤去）。幅約15cm。

！デパートで化石ハント

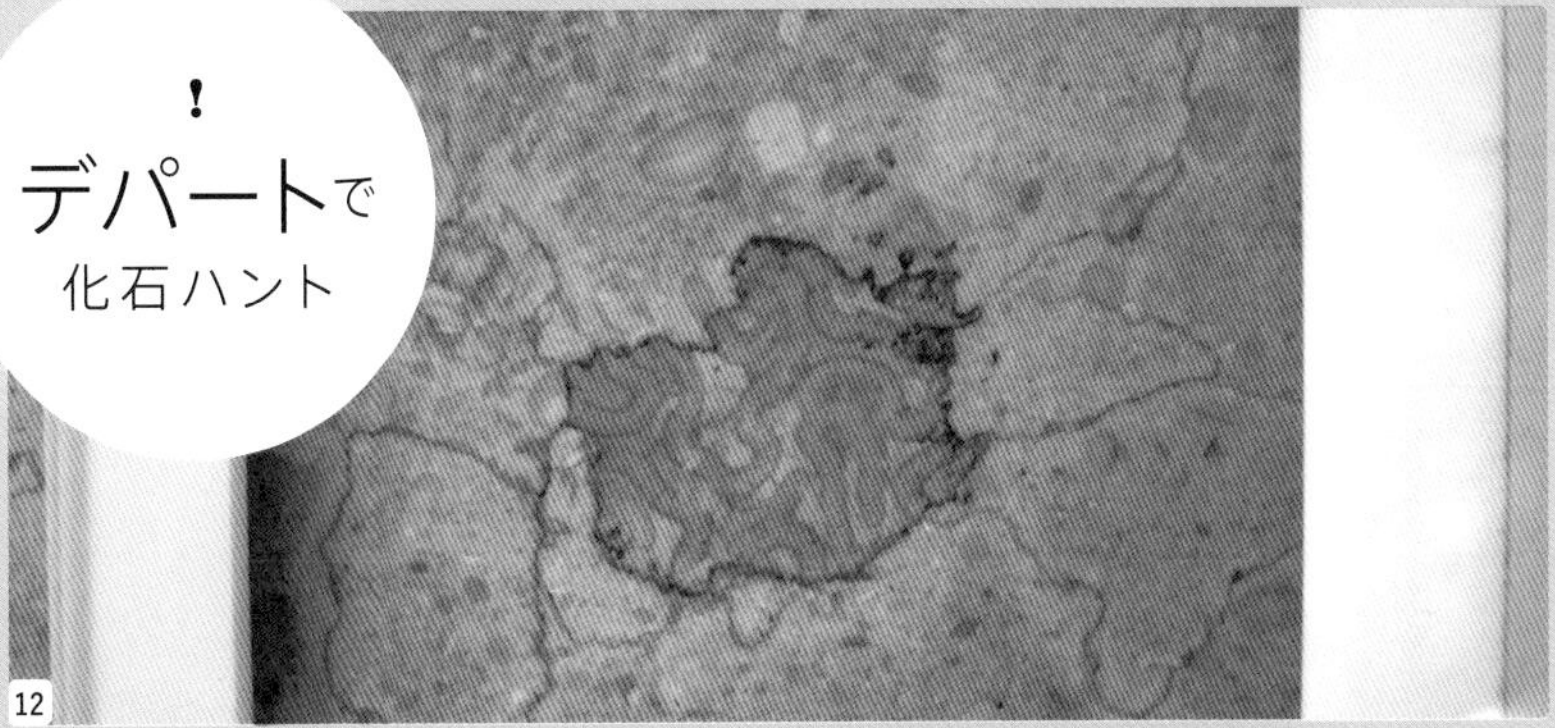

デパートで見られるサンゴ化石（松坂屋上野店）

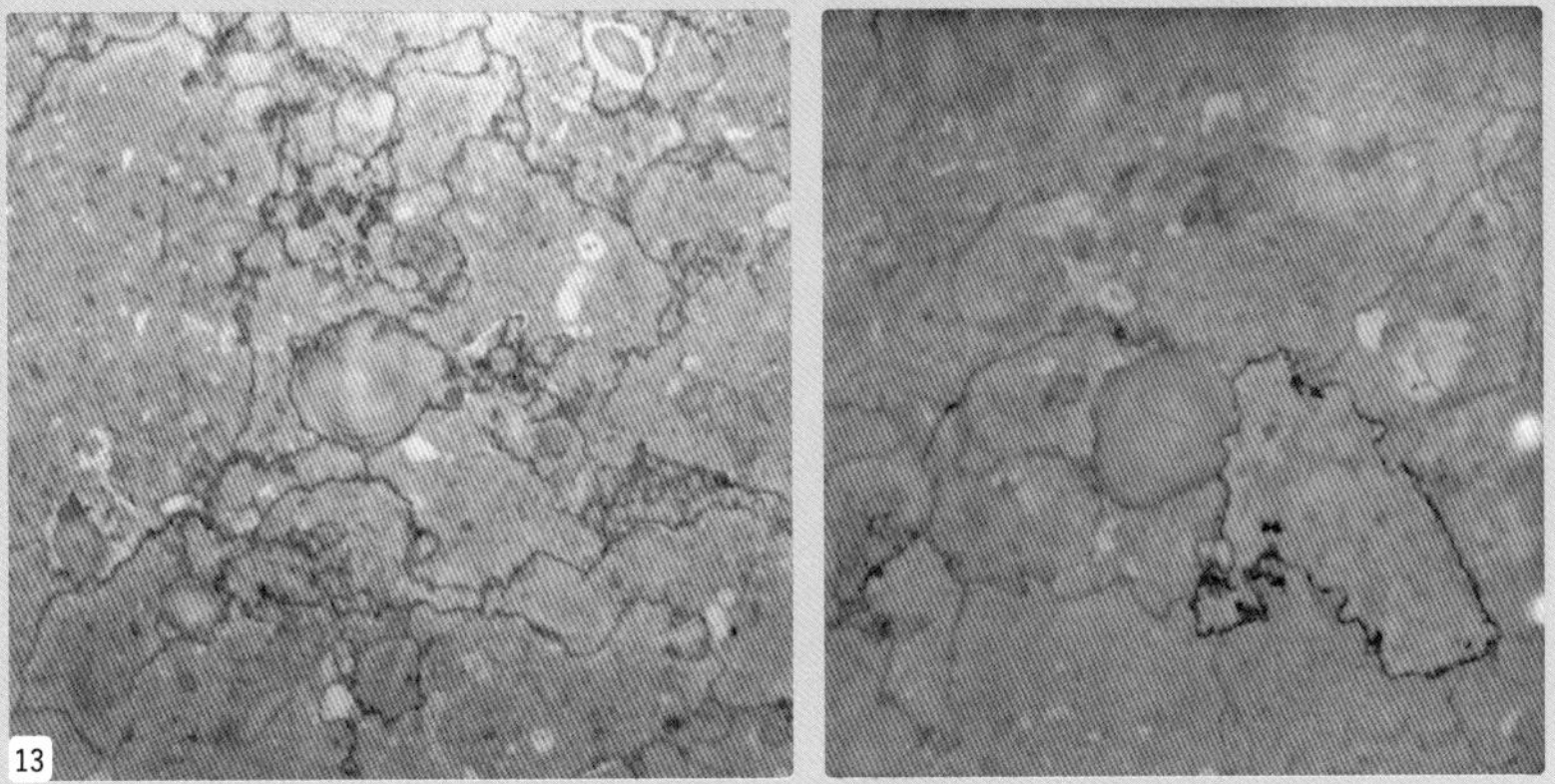

デパートで見られる貨幣石の断面。どちらも直径約2cm（松坂屋上野店）

！ホームセンターで化石ハント

ホームセンターで
よく売られている
ゾルンホーフェンの石材

こんなところに化石発見！

日本の中心で化石を探す

日本の中心ともいえる東京駅。1日に100万人が利用するといわれるこの駅も、屈指の街中化石産地なんですよ。以前、駅構内で使用されている石材の中にカニの化石が埋まっているのが発見されたときは、たいへん話題になりました。それ以外にも、あちこちの石材に化石が埋まっています。

例えば、東京駅の地下に広がる八重洲地下街。

あ、さっそく見つけました！　サンゴの化石です[10]。こんなふうにいたるところにサンゴ化石が埋まっていて、比較的探しやすいです。日頃何気なく使っている駅にサンゴ化石があるなんて、それだけでもワクワクしますね。

東京の地下になぜサンゴ？

サンゴ類は石灰質や角質でできた骨格をもつ生物で、「刺《し》胞《ほう》動物」とも呼ばれます。サンゴの成長には水中の塩分濃度や水温などが深くかかわっていることから、サンゴ化石は過去の環境を知るための重要な古生物と位置づけられています。

現在石材として使われているのは、このサンゴ化石に加え、サンゴがもつ大きな隙間の中に住んでいた貝類やウニ類、また本書でも何度か登場した有孔虫という微小な生物が形成したサンゴ礁が石灰岩となったものと考えられます。サンゴには様々な構造があり、八重洲地下街で見られる年輪状のもののほか、床板サンゴ類などがあります。床板サンゴ類は古生代オルドビス紀からシルル紀を代表する化石で、クサリサンゴとも呼ばれるように、鎖のような模様が特徴です[15]。

15
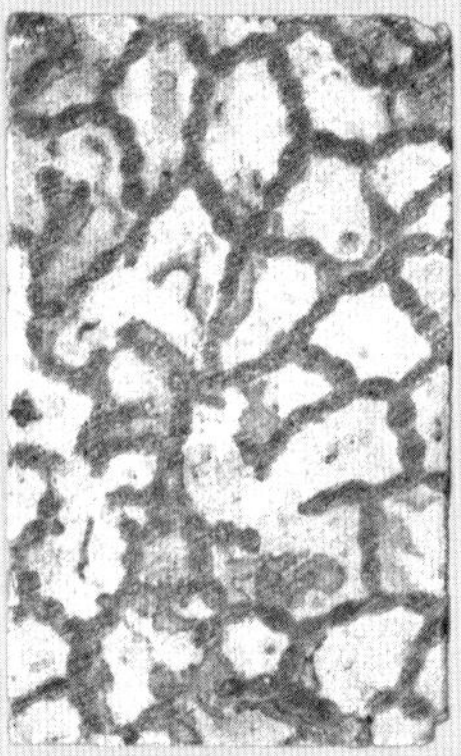

デパートで見つけた謎化石

デパートの壁材を注意深く観察していると、明らかに人工的に加えられたものではない不思議な形状の模様が見られることがあります。

例えば、183ページの写真13を見てください。こんな形の模様がふと現れたりするのです。これもサンゴ化石でしょうか？　いや、違いそうです。

……皆さん、なんだと思いますか？

その正体は、貨幣石。貨幣石は微化石（有孔虫）の一種で、その名のとおり硬貨のような円盤状をしています。単細胞生物ですが、直径は最大で10センチメートルにも達し、古第三紀暁新世末から始新世の初めにかけて繁栄しました。日本では約5600万年前～3400万年前の地層から発見されます。16は、スペイン産の貨幣石で、ぐるぐると巻いた殻の構造がよくわかります。

16

ゾルンホーフェンの石灰岩

街中化石はもっと意外な場所にもありますよ。例えば、東京のアクアシティお台場に行ってみましょう。ここのペデストリアンデッキに敷き詰められた石材はゾルンホーフェンの石灰岩でできています。

ゾルンホーフェンとはドイツ南部の地名で、その名を最も有名にしたのが、17始祖鳥の化石の発見でしょう！　始祖鳥の学名、アーケオプテリクス・リソグラフィカ（*Archaeopteryx lithographica*）は、ゾルンホーフェンの石材が版画の一種である「リトグラフ」に用いられることにちなんでつけられたともいわれています。

ここで採掘される後期ジュラ紀の石灰岩は、「ジュライエロー」などの名でホームセンターの石材コーナーでも大量に売られています。つまり、実はもっと身近な場所でも知らぬうちにゾルンホーフェンの石灰岩に触れている可能性があるということ！

この石灰岩からは、始祖鳥のほかにもアンモナイトやカブトガニ、ウミユリなどの化石が数多く発見されているので、ホームセンターで化石ハントも夢じゃないかもしれませんよ。

17
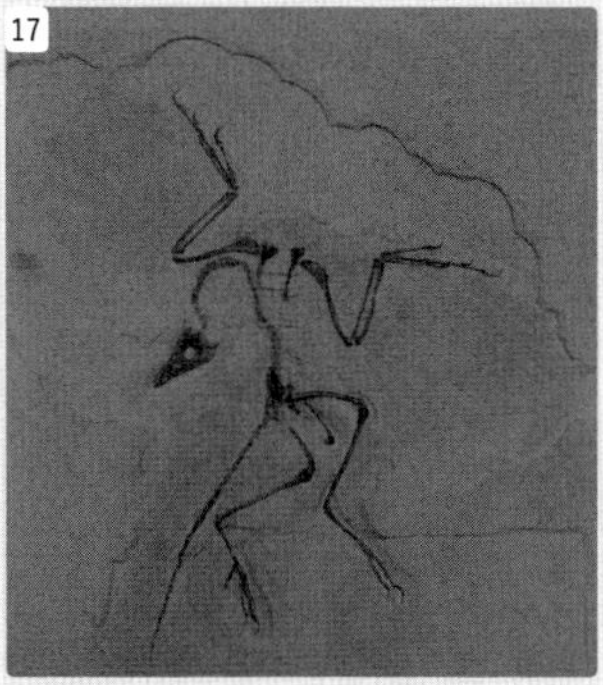

15 床板サンゴ類の化石。鎖状の模様が見える。幅約2cm（シルル紀前期、スウェーデン産）。16 貨幣石の化石。スペイン産。直径約2cm。17 始祖鳥化石のレプリカ。幅約40cm。

天草市立御所浦恐竜の島博物館

所 熊本県天草市御所浦町御所浦4310-5 HP https://goshouramuseum.jp/ 時 9:00～17:00(最終入館16:30)※予約制 休 月曜(祝日の場合は翌日)、年末年始 ¥ 一般500円、高・大学生300円、小・中学生200円、未就学児及び天草市内の小・中・高生無料 交 水俣港から乗合便で40～45分 ※予約制、本渡港から定期船で40分、棚底港からカーフェリーまたは定期船もしくは海上タクシーで15～45分

三笠市立博物館

所 北海道三笠市幾春別錦町1丁目212-1 HP https://www.city.mikasa.hokkaido.jp/museum/ 時 9:00～17:00(最終入館16:30) 休 月曜(祝日の場合は翌日)、12/30～1/4 ¥ 一般450円、小・中学生150円、未就学児無料 交 JR岩見沢駅からバスで1時間 車 道央道三笠ICから20分

山形県立博物館

所 山形県山形市霞城町1番8号(霞城公園内) HP https://www.yamagata-museum.jp/ 時 9:00～16:30(最終入館16:00) 休 月曜(祝日の場合は翌日)、12/28～1/4 ¥ 成年300円、学生150円、小・中・高生無料 交 JR山形駅から徒歩10～15分 車 山形自動車道山形蔵王ICから20分、東北中央自動車道山形中央ICから10分

おせっかいな化石案内をした博物館一覧

データの見方

所 所在地	¥ 入館料
HP ホームページアドレス	交 公共交通機関でのアクセス
時 開館時間	
休 休館日	車 車でのアクセス

福井県立恐竜博物館

所 福井県勝山市村岡町寺尾51-11かつやま恐竜の森内 HP https://www.dinosaur.pref.fukui.jp/ 時 9:00～17:00(最終入館16:30 夏季は8:30～18:00)※予約制 休 夏季を除く第2・第4水曜(祝日の場合は翌日)、12/31、1/1 ¥ 一般1,000円、高・大学生800円、小・中学生500円、70歳以上500円、未就学児無料 交 えちぜん鉄道勝山駅からバスで15分・タクシーで10分 車 福井北JCTから中部縦貫自動車道、国道416号線で30分

徳島県立博物館

所 徳島県徳島市八万町向寺山(徳島県文化の森総合公園) HP https://museum.bunmori.tokushima.jp/ 時 9:30～17:00 休 月曜(祝日の場合は翌日)、12/29～1/4 ¥ 大人400円、高・大学生200円、小・中学生100円 交 JR徳島駅からバスで25分、JR文化の森駅から徒歩35分・バスで7分 車 国道55号大野橋から5分、徳島ICから20分

国立科学博物館

所 東京都台東区上野公園 7-20 HP https://www.kahaku.go.jp/ 時 9:00〜17:00（最終入館は閉館30分前） 休 月曜（祝日の場合は翌日）、12/28〜1/1 ¥ 一般・大学生630円、高校生以下無料、65歳以上無料 交 JR上野駅から徒歩5分、東京メトロ上野駅から徒歩10分、京成線京成上野駅から徒歩10分

むかわ町穂別博物館

所 北海道勇払郡むかわ町穂別80番地6 HP http://www.town.mukawa.lg.jp/1908.htm 時 9:30〜17:00（最終入館16:30） 休 月曜、祝日の翌日、年末年始 ¥ 大人300円、小・中・高生100円、未就学児無料 交 新千歳空港からバスで1時間半※予約制 車 札幌市から国道274号で2時間、苫小牧市から国道235号で1時間半、千歳市から国道337号・274号で1時間、帯広市から国道274号で2時間半

北海道大学総合博物館

所 北海道札幌市北区北10条西8　北海道大学構内 HP https://www.museum.hokudai.ac.jp/ 時 10:00〜17:00 休 月曜（祝日の場合は翌日）、12/28〜1/4 ¥ 無料 交 JR札幌駅から徒歩13分、札幌市営地下鉄北12条駅から徒歩9分

地質標本館

所 茨城県つくば市東1-1-1 HP https://www.gsj.jp/Muse/ 時 9:30〜16:30 休 月曜（祝日の場合は翌日）、年末年始 ¥ 無料 交 TX線つくば駅からタクシーで10分・バスで20〜30分、JR荒川沖駅からタクシーで15分・バスで15〜20分 車 常磐自動車道桜土浦ICから25分

大阪市立自然史博物館

所 大阪市東住吉区長居公園1-23 HP https://omnh.jp/ 時 9:30〜17:00（11〜2月は〜16:30 最終入館は閉館30分前） 休 月曜（祝日の場合は翌日）、12/28〜1/4 ¥ 大人300円、高・大学生200円、中学生以下無料 交 地下鉄御堂筋線・JR阪和線長居駅から徒歩10〜15分、近鉄南大阪線矢田駅から徒歩25分

群馬県立自然史博物館

所 群馬県富岡市上黒岩1674-1 HP https://www.gmnh.pref.gunma.jp/ 時 9:30〜17:00（最終入館16:30） 休 月曜（祝日の場合は翌日）、年末・元日 ¥ 中学生以下無料、一般510円、高・大学生300円（企画展開催中は観覧料が変わります） 交 上信電鉄上州富岡駅からタクシーで15分、上州七日市駅から徒歩25分、上州一ノ宮から徒歩30分、JR磯部駅からタクシーで15分 車 上信越自動車道富岡ICから20分・下仁田ICから20分

蒲郡市生命の海科学館

所 愛知県蒲郡市港町17-17 HP https://www.city.gamagori.lg.jp/site/kagakukan/ 時 9:00～17:00（最終入館16:30） 休 火曜（祝日の場合は翌日、GW・夏休み・冬休み期間中は除く）、12/29～1/3 ¥ 大人（高校生以上）500円、小人（小・中学生）200円、未就学児無料 交 JR東海道本線蒲郡駅から徒歩3分 車 東名高速音羽蒲郡ICから20分、豊川ICから40分、岡崎ICから40分、国道23号バイパス（名豊道路）蒲郡ICから10分

北九州市立自然史・歴史博物館 いのちのたび博物館

所 福岡県北九州市八幡東区東田2-4-1 HP https://www.kmnh.jp/ 時 9:00～17:00（最終入館16:30） 休 年末年始、6月下旬頃（害虫駆除） ¥ 大人600円、高校生以上の学生360円、小・中学生240円、未就学児無料 交 鹿児島本線スペースワールド駅から徒歩5分 車 九州自動車道八幡ICから20分、東九州自動車道小倉東ICから25分、山陽中国自動車道門司ICから30分

＊入館料は常設展の金額です。特別展や企画展には別途チケットが必要な場合があります。団体割引や年間パスポートの有無、特別展のチケット情報は各施設へお問い合わせください。

＊アクセス時間はおよその目安です。

＊このデータは2024年6月現在公開されている情報に基づいて作成しています。内容は予告なく変更される場合があります。

いわき市石炭・化石館 ほるる

所 福島県いわき市常磐湯本町向田3-1 HP https://www.sekitankasekikan.or.jp/ 時 9:00～17:00（最終入館16:30） 休 第3火曜（祝日休日の場合は翌日）、1/1 ¥ 一般660円、中・高・大生440円、小学生330円、未就学児無料、市内在住の65歳以上無料、市内の学校に通う小・中・高校生は土日無料 交 湯本駅から徒歩10分 車 常磐自動車道いわきICから10分

丹波市立丹波竜化石工房

所 兵庫県丹波市山南町谷川1110番地 HP https://www.tambaryu.com/index.html 時 10:00～16:00（4/1～10/31は～17:00 最終入館は閉館30分前） 休 月曜（祝日の場合は翌日）、12/29～1/3 ¥ 高校生以上210円、小・中学生100円 交 久下村駅から徒歩10分、谷川駅からタクシーで5分

埼玉県立自然の博物館

所 埼玉県秩父郡長瀞町長瀞1417-1 HP https://shizen.spec.ed.jp/ 時 9:00～16:30（7・8月は～17:00 最終入館は閉館30分前） 休 月曜（祝日、7・8月は除く）、12/29～1/3 ¥ 一般200円、高・大学生100円、中学生以下無料 交 秩父鉄道上長瀞駅から徒歩5分、長瀞駅から徒歩15分 車 関越自動車道花園ICから40分

謝辞

本書の制作にあたり、以下の博物館をはじめとする各機関の皆様に
ご協力いただきました。ありがとうございました。

天草市立御所浦恐竜の島博物館
市原市教育委員会
いわき市石炭・化石館 ほるる
大阪市立自然史博物館
大阪大学総合学術博物館
蒲郡市生命の海科学館
北九州市立自然史・歴史博物館（いのちのたび博物館）
群馬県立自然史博物館
国立科学博物館
埼玉県立自然の博物館
JR 東日本クロスステーション
丹波市立丹波竜化石工房
地質標本館
東京地下鉄
徳島県立博物館
福井県立恐竜博物館
北海道大学総合博物館
松坂屋上野店
三笠市立博物館
むかわ町穂別博物館
山形県立博物館
（50音順）

主な参考文献

1章

“海の”陸生動物化石？（徳島県立博物館）

産業技術総合研究所　地質調査総合センター「中央構造線に関する現在の知見－九州には中央構造線はない－」,
https://www.gsj.jp/hazards/earthquake/kumamoto2016/kumamoto20160513-2.html

地質標本館 特別展「チバニアン誕生！ 国際境界模式層と地磁気の逆転とは？」ブックレット, 2020, 地質標本館

2章

圧倒的アンモナイト（三笠市立博物館）

『日本の古生物たち』著：土屋健, 監修：芝原暁彦, 2019, 笠倉出版社.

山形のヒーロー（山形県立博物館）

広報おおえ691号

山形県立博物館50年のあゆみ, 2022, 山形県立博物館.

Takahashi, S., Domning, D.P. and Saito, T., 1986, Dusisiren dewana, n. sp. (Mammalia: Sirenia), a new ancestor of Steller's sea cow from the Upper Miocene of Yamagata Prefecture, northeastern Japan. Transactions and Proceedings Palaeontological Society of Japan (New Series), 141, 296-321.

石黒宏治, 2017, ヤマガタダイカイギュウ化石の3Dデータの取得. 山形県立博物館研究報告, 35, 1-6.

THE 日本の化石（地質標本館）

岡本隆, 1999, 理論形態学の方法. 古生物の科学2（古生物の形態と解析）, 140-174, 朝倉書店

大阪地下の巨大ワニ（大阪市立自然史博物館）

今こそ生かしたいマチカネワニ, 2014, 朝日新聞スクエア.

江口太郎, 2015, マチカネワニに魅せられて. 生産と技術, 第67巻, 第1号.

羽田裕貴・岡田誠・菅沼悠介・北村天宏, 2020, チバニアンの地層「千葉複合セクション」から明らかになった最後の地磁気逆転の全体像. GSJ地質ニュース, 9, no. 11, 307-310.

3章

恐竜発掘のジオラマ （群馬県立自然史博物館）

髙桒祐司, 2014, 南米ペルー, ピスコ層（後期中新世）産ナガスクジラ類全身骨格化石の周辺からのサメ類（“イスルス”・ハスタリス：軟骨魚綱ネズミザメ科）の密集した産出. 群馬県立自然史博物館研究報告（18）, 77-86

KIMURA, T. and HASEGAWA, Y., 2024, A new species of Late Miocene balaenopterid, *Incakujira fordycei*, from Sacaco, Peru. 自然史博物館研究報告（28）, 1-14.

MCINTOSH, J.S et al., 1996, A New Nearly Complete Skeleton of Camarasaurus, 群馬県立自然史博物館研究報告（1）, 1-87.

ティラノサウルスvsトリケラトプス （国立科学博物館）

『恐竜・古生物ビフォーアフター』著：土屋健, 監修：群馬県立自然史博物館, 2019, イースト・プレス.

『グレゴリー・ポール恐竜事典』著：Gregory S. Paul, 監修・訳：東洋一, 今井拓哉, 訳：河部壮一郎, 柴田正輝, 関谷透, 服部創紀, 2020, 共立出版.

月刊地図中心2018年3月号「化石の時空間」, 日本地図センター .

コラム

日本の恐竜研究の聖地

むかわ町「日本の竜の神　カムイサウルス・ジャポニクス（通称　むかわ竜（むかわ町穂別産））」http://www.town.mukawa.lg.jp/3076.htm

北海道大学総合博物館「古生物標本の世界」, https://www.museum.hokudai.ac.jp/display/syuzouhyouhonnosekai/paleontologyspecimenroom/

まだまだすごい日本のご当地化石

『フタバスズキリュウ もうひとつの物語』著：佐藤たまき, 2018, ブックマン社.

丹波市立丹波竜化石工房「丹波竜について」,　https://www.tambaryu.com/about/65.html

時空を超えて日本にやってきた世界の化石

『前恐竜時代　失われた魅惑のペルム紀世界』著：土屋健, 監修：佐野市葛生化石館, 2022, ブックマン社.

イラスト：川崎悟司
デザイン：窪田実莉
編　　集：藤本淳子
編集担当：松下大樹（誠文堂新光社）

芝原暁彦 しばはら・あきひこ
地球科学可視化技術研究所 所長 / 福井県立大学 客員教授

古生物学者。博士（理学）。大学時代に福井県の恐竜発掘に参加し、その後は北太平洋で微化石の調査を行う。筑波大学で博士号を取得後は、（国研）産業技術総合研究所の地質標本館で地球科学の可視化技術に関する研究に従事。2016年に「地球科学可視化技術研究所」を設立。「未来の博物館」を創出するための研究を続けている。2019年より恐竜学研究所（福井県立大学）の客員教授を、2021から同大学の客員教授を兼務。また「ウルトラマンブレーザー」などの地学監修を行う。著書に『特撮の地球科学』（イースト・プレス）ほか多数。

見《み》えないものが見《み》えてくる!
古生物《こせいぶつ》の観賞《かんしょう》ポイントを解説《かいせつ》してみた
おせっかいな化《か》石《せき》案《あん》内《ない》

2024年7月20日　発　行　　NDC457

著　　者　芝原暁彦《しばはらあきひこ》
発 行 者　小川雄一
発 行 所　株式会社 誠文堂新光社
〒113-0033 東京都文京区本郷 3-3-11
電話 03-5800-5780
https://www.seibundo-shinkosha.net/
印 刷 所　株式会社 大熊整美堂
製 本 所　和光堂 株式会社

本書の内容に関するお問い合わせは、小社ホームページのお問い合わせフォームをご利用いただくか、上記までお電話ください。

ISBN978-4-416-62312-1